高性能混凝土生产实务

赖瑞星　李益群　曹新鹏　庄合理　编著

中国石油大学出版社
CHINA UNIVERSITY OF PETROLEUM PRESS

山东·青岛

图书在版编目(CIP)数据

高性能混凝土生产实务 / 赖瑞星等编著.--青岛:
中国石油大学出版社,2020.11
ISBN 978-7-5636-6912-7

Ⅰ.①高… Ⅱ.①赖… Ⅲ.①高强混凝土—生产工艺
Ⅳ.①TU528.31

中国版本图书馆 CIP 数据核字(2020)第 210868 号

书　　　名:高性能混凝土生产实务
编 著 者:赖瑞星　李益群　曹新鹏　庄合理
责任编辑:邵　云(电话　0532—86981538)
封面设计:赵志勇
出 版 者:中国石油大学出版社
　　　　　(地址:山东省青岛市黄岛区长江西路 66 号　邮编:266580)
网　　　址:http://cbs.upc.edu.cn
电子邮箱:sanbianshao@126.com
排 版 者:青岛天舒常青文化传媒有限公司
印 刷 者:青岛新华印刷有限公司
发 行 者:中国石油大学出版社(电话 0532—86983560,86983437)
开　　　本:787 mm×1 092 mm　1/16
印　　　张:12.5
字　　　数:336 千字
版 印 次:2020 年 11 月第 1 版　2020 年 11 月第 1 次印刷
书　　　号:ISBN 978-7-5636-6912-7
定　　　价:42.00 元

序
Preface

混凝土的研制、生产、使用经历了近 200 年的发展历史。预拌混凝土采用集中搅拌实现了由粗放型生产向集约化生产的转变,混凝土生产的专业化、商品化和社会化带来了显著的社会效益和经济效益。近年来,在市场及国家政策的推动下,我国预拌混凝土行业规模持续扩大,技术水平、管理水平快速提升,产业结构不断改善。经过 30 多年的发展,已形成了从材料设计、原材料制备、混凝土生产、物流运输到工程服务的产业链,为我国的基础设施及各类建筑工程建设作出了重要贡献。

混凝土作为房屋建筑和土木工程大宗的基础材料,其质量是钢筋混凝土工程质量的基本保障。20 世纪 80 年代,提出高性能混凝土是混凝土可持续发展的出路。高性能混凝土区别于传统混凝土,以混凝土结构耐久性为目的,主要通过对混凝土材料硬化前后各种性能的改善来提高混凝土结构的耐久性和可靠性。1999 年,吴中伟和廉慧珍在《高性能混凝土》一书中写道,良好的工作性是使混凝土质量均匀、获得高性能因而安全可靠的前提。没有良好的工作性就不可能有良好的耐久性。工作性对混凝土技术和管理现代化有重大的影响。工作性的提高会使混凝土的填充性、自流平性和均匀性得以提高,并为高性能混凝土的生产和施工走向机械化、自动化带来可能。

混凝土作为地域性材料,原材料性能差异很大。在做混凝土配比时,当前水泥越来越细、混合材料的品种和掺量越来越多、人工砂(机制砂)大量取代天然河砂、机械化施工和人力不足等变化使混凝土的工作性成为预拌混凝土交付和使用时备受关注的性能,也成为混凝土技术人员采取技术措施着力解决的焦点。随着高性能聚羧酸减水剂技术的发展,可使用各种功能的减水剂复配解决大部分原材料变化导致的流动性和黏聚性等问题。但是当前成分复杂和多组成混凝土拌和物的工作性不只是流动性、黏聚性等,还有因水泥细度过细、混凝土水胶比降低,再加上聚羧酸减水剂的复杂性,拌和物有时会出现触变性、剪切增稠、滞后泌水等以前没有见过的现象。除工作性外,还应以混凝土尽量大的体积稳定性和低开裂敏感性为基本核心。混凝土开裂了就不是高性能混凝土了,高的耐久性也无从谈起了。

经过多年的实践，国内外混凝土从业者已认识到高性能混凝土并不是混凝土的一个品种，廉慧珍曾两次撰文对高性能混凝土的实施进行反思。近几年，住房和城乡建设部为了保证和提高建筑工程混凝土质量，再次提出推广和发展高性能混凝土的建议，其目的就是明确对混凝土结构工程质量控制进行标准化和量化管理。也就是说，"高性能混凝土"不是在搅拌中就能够配出来的，而只是一种对混凝土结构质量的要求。这一要求需要工程主管方、结构设计方和施工方共同努力才能做到。

混凝土是一种既简单又非常复杂的建筑材料。在保证混凝土设计强度的前提下，应尽量使用较少的胶凝材料和水拌制出满足工程需要的混凝土。水的用量是混凝土配制的关键，在混凝土塑性阶段，水是保证混凝土工作性的重要组成，但是硬化后的混凝土会因为过多的水产生浆体疏松和界面区薄弱，给混凝土的耐久性带来问题，所以要在保证混凝土工作性的同时，考虑降低用水量。在混凝土使用量上，我国已成为混凝土大国，但与技术和质量上的大国仍然有一定的差距，主要表现在：混凝土拌和物的用水量一直居高不下，例如 C30 混凝土的用水量，国外最先进的是 130 kg/m^3，我国至今普遍还在 170 kg/m^3 或以上，这与骨料良好的粒形和级配关系密切。施工是保证混凝土结构质量最后的也是最关键的环节，因此必须与施工配合，考虑拌和物运输距离、现场浇筑、振捣时间和方式与环境温度等诸多因素，方能实现高性能混凝土的应用。

混凝土有很强的工程针对性，具体工程必须有具体的原材料及其配比与施工要求。顺利实施生产和浇筑的混凝土拌和物配比属于成功的经验，可以学习借鉴，但极少能够直接使用。本书给出了大量实际混凝土生产案例的应用数据，介绍了混凝土原材料各组分的性能、混凝土工作性的影响因素，以及混凝土拌和物配比设计与生产过程控制，详述了混凝土各材料间的相互关系及其量化方法，数据翔实，角度新颖，可以作为有一定经验的预拌混凝土技术人员的学习参考书，以更好地进行试配和制备符合施工要求的混凝土拌和物并指导混凝土生产以及质量管控。对刚出校门的新人来说，则首先要从最基本技能做起，在具体实践中积累了自己的经验之后，才能从别人的经验中学习更多知识。

本书的一个亮点就是作者基于自己多年成功的混凝土配制和质量管理经验，充分总结并分析了针对混凝土各组分的变化如何进行生产过程动态调整，并呈现大量数据，为读者展示了对数据敏感并应充分关注、利用分析以指导工作的重要性。

混凝土技术发展永无止境，经验也会不断地更新。面临多变的现状，相信随着我国工程技术的进步和大家在实践中经验的积累和更新，对以高耐久性和绿色发展、节约发展为目标的"高性能混凝土"也将会有更清晰的认识和理解。

中国砼协会秘书长 师海霞

2020 年 7 月

前 言

Foreword

传统混凝土的生产是以骨料、水及水泥采用人工搅拌的方法加以处理，既无法精准称量也无法大量生产，但随着现代科技及信息的进步，混凝土的生产采用了工厂化的集中管理模式，无论是在质量还是产能方面都有了长足的进步，尤其是近年来多种材料的改进和加入，更让混凝土在工作性或强度方面都能满足构件的要求。

从实际来看，混凝土所用原材料要完全由单一来源供应是困难的，也就是说，无法由固定的来源供料就很难保证产品质量稳定，这也是混凝土生产者一直以来无法解决的难题。对于不同来源的原材料，要维持混凝土产品的稳定性，就只能在生产过程中根据原材料的不同，对配比做相应的处理，这样才能使混凝土产品质量一致。靠人为调整相应的配比在实际工作中几乎是不可行的，因此不同的原材料应使用不同的配比。如何利用现代信息处理软件来实时又正确地做相应的配比，成为混凝土制造产业亟待改进的任务。秉承这一理念，将高性能混凝土从基本理念的形成到实务处理的架构实际运用于生产流程，成为本书的主要内容。

由此，从满足客户（构件）的需求面来说，就会有所谓高性能混凝土的产生，因为材料的多样性（骨料及胶凝材料的变动）及本土性（产地附近取料），高性能混凝土不能再以传统混凝土生产的观念去处理，必须改变一些基本的处理观念：（1）能满足客户对混凝土工作性的要求，是高性能混凝土设计的首要任务；（2）对原材料间的组构加入"填充"的概念；（3）以统计理论为依据，设计满足抗压强度要求的混凝土；（4）混凝土工作性、抗压强度和材料组构的量化处理方法。本书正是以实际混凝土生产为基础，展开高性能混凝土所必须具备的技能知识的，可作为混凝土生产业的作业参考用书。

由于时间有限，作者水平有限，其中尚存在错误与不足之处，敬请广大读者批评指正。

作 者

2020 年 7 月

目 录

Contents

第一章

高性能混凝土概述

第一节 概 论

高性能混凝土(High Performance Concrete,HPC)是近年来提倡的一种混凝土,这种混凝土具有良好的工作性和一定的强度,更重要的是具有耐久性及高体积稳定性。

高性能混凝土的设计理念是所有混凝土都适用的,所以,它并不是一种全新的混凝土,其主要目的是要达到工程结构物的耐久性要求,以使其成为更符合环保要求的"优良"混凝土,并满足不同工程的要求性能和匀质性。(为了叙述方便,本书所讲的"混凝土"如无特别说明,皆指高性能混凝土。)混凝土是一种"客制化"的产品,坍落度和扩展度的大小是依据工程需求确定的,高流动性不是任何工程都需要的,强度只要合乎要求即可,且高强度不一定具有耐久性,也不是加了其他矿物掺合料就会具有高性能。因高性能混凝土添加了其他矿物掺合料,所以其配比的设计就变得相对复杂,因而配比的优化成为质量的关键。但是,优选配比的混凝土是由生产、设计、施工和管理人员最终在建筑实体结构中实现的,所以高性能混凝土是对设计、生产到施工完成的一系列"广义"工序的定义,并非只对混凝土这一产品"狭义"的定义。

除特殊结构(如临时性结构)外,没有什么混凝土结构不要求耐久性。针对不同工程的特点和需要,对混凝土结构进行满足具体要求的性能和耐久性设计,比笼统强调"高性能混凝土"这一名词更加科学。

高性能混凝土比传统的普通混凝土具有更卓越的性能,除了普通混凝土应具有的性能外,高性能混凝土还具有一些普通混凝土所不具备的特性。美国混凝土协会(American Concrete Institute,ACI)将其定义为:当混凝土的工作性、抗压强度、弹性模量、体积稳定性、耐磨性与耐久性等性能优于传统混凝土时,即可视为高性能混凝土,其中最受重视的是能大幅度改善混凝土的工作性及其耐久性。

第二节 高性能混凝土的基本理念

混凝土是现代建筑工程及土木工程中使用量最大的材料,其质量的好坏直接关系到工程的质量、安全性及耐久性。混凝土的生产需要消耗大量的能源,从水泥制造的原理来看,经"二磨一烧"的制作过程,不但要消耗大量的能源,而且会对环境产生一定的影响(烧结过程中1 kg 水泥大约能产生 $0.4 \ m^3$ 的 CO_2),因此必须高度重视混凝土的节能、CO_2 的减排等环保项目。显然,积极推动混凝土生产技术的进步以提升混凝土的质量并做好环保工作是一件十分重要的事情。

现代混凝土是由砂、石等骨料，水泥（Portland Cement），矿物掺合料（Pozzolanic Materials，矿渣粉、硅灰、粉煤灰等），水及混凝土外加剂按某一特定比例组成的混合物。其简单的加工过程是将以上各种材料分别依配方称重后，投入拌和机中充分拌匀，再由运输设备载运至工地施工，并在一定的时间内浇筑后凝固即可。

商品混凝土应具备哪些功能性呢？无论普通混凝土还是高性能混凝土，都应具有如图 1-1 所示的功能性要求，只不过普通混凝土一般难以做到，而高性能混凝土却可以完全做到。高性能混凝土就是近年来为实现这些功能而发展的混凝土。

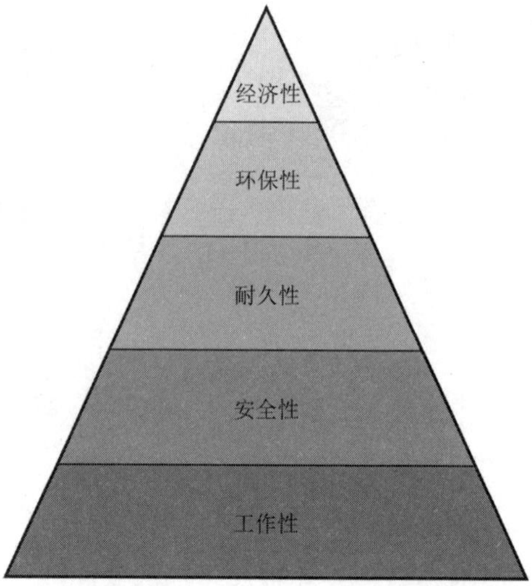

图 1-1　高性能混凝土的功能性

一、混凝土的功能性

下面以高性能混凝土为例对混凝土的功能性加以介绍。

（1）工作性（Workability），是指新拌混凝土软硬适当，浇筑时不离析、不粗涩、不过稠，具有流动性、稳定性及可塑性，使用最少的能量即可将混凝土完整地浇筑到工作物的每个角落。

（2）安全性（Safety），是指硬固混凝土的抗压强度满足工作物的初期强度需求且符合规范的 28 d 规定（设计）强度要求。

（3）耐久性（Durability），是指使用年限内混凝土不因所处环境而形成白华（$CaCO_3$）、碳化收缩、碱骨料反应等，从而使工作物产生变形、腐蚀及破坏等情况。

（4）环保性（Environment），是指水泥"烧结"过程中耗损大量能源，石灰岩分解又产生大量 CO_2 及其他碱金属盐类，所以必须降低混凝土中的水泥用量，以减少环境污染。

（5）经济性（Economy），是指过高的混凝土生产成本会增加工程造价成本，不符合经济性原则，因此在满足使用性能的条件下，应尽量降低成本。

若混凝土的工作性不良，必然造成施工困难及降低施工质量，因而失去了安全性、耐久性及经济性。混凝土达不到安全性，则同样失去其耐久性及经济性。一般而言，抗压强度越高混凝土的耐久性越佳，若安全性不佳，则其耐久性也不佳。混凝土失去耐久性，会降低建筑物的使用年限，对工程也毫无经济性可言。若混凝土不使用环保材料（矿物掺合料皆为绿能环保材料），也无经济性可言。所以对于混凝土来说，其功能性的重要顺序为：工作性＞安全性＞耐久性＞环保性＞经济性，此顺序原则在进行混凝土配比设计时务必慎重考虑。

近年来，混凝土材料中添加了矿物掺合料，使其成为一种绿能环保材料，同时这些矿物掺合料成本较低，使混凝土达到了经济性要求。所有试验也证明矿物掺合料可提高混凝土的耐久性，所以在混凝土中加入矿物掺合料后，所要关注的就是使混凝土具有工作性及安全性。

也就是说，现代混凝土不仅要能保证工作性及安全性，其他性能也要能达到。所以在进行混凝土的配比设计时，设计的目标必须优先考虑工作性，在工作性的基础上再考虑安全性。

二、混凝土的工作性与安全性

既然工作性是优质混凝土的基础,那么我们就先了解一下混凝土工作性的定义:混凝土用于浇筑工作物时,其施工的难易程度及抵抗组成材料分离的特性称为混凝土的工作性。以实际施工中的说法则为:在对工地的工作物进行施工时,若所提供的混凝土能以最少的能量达到工作物各处皆可夯实的程度,则称该混凝土具有"优良的工作性"。但是这一让混凝土具有最大变形的最少的能量实际上难以用具体的数字定量描述。

既然工作性为混凝土最重要的质量特性,那么就要将工作性量化,以作为生产的标准化依据。"好的混凝土工作性＝新拌混凝土的流动性＋稳定性＋凝聚性＋均匀性",这种工作性的描述亦难以将其数量化,但工作性不好,会有离析、粗涩、过稠等现象。检视发生这些现象的主要原因有:用水量不恰当;材料间组合的致密性不足。

混凝土的抗压强度源于两大因素:① 胶凝材料的总用量及胶凝材料的组态(水泥和矿物掺合料所占比率)与用水量的关系,此关系的数据化须依产地的原材料特性进行相关试验求得。② 混凝土原材料间组成的致密性。用水量对混凝土的工作性有一定的影响,因此不可大幅度变动其使用量。在一定的胶凝材料组态下,胶凝材料量越多则 W/B(水胶比)越小,抗压强度越佳。在一定的胶凝材料量之下,抗压强度与有效胶凝材料量(水泥与矿渣粉的总量)成正比;单位体积内的材料堆积得越致密,则其表观密度就越大,当然,表观密度越大的混凝土试体的抗压强度也越高。

综上所述,影响混凝土工作性与安全性的共同原因是混凝土原材料间的用水量及组合致密性,亦即生产出优良混凝土的先决条件是使混凝土的配比在一定的用水量下依其材料特性组合成最致密的状态。

三、混凝土配比的致密性

混凝土原材料中密度最大者为水泥(3.15 g/cm³),故配比中水泥的用量越大单位体积混凝土的致密性越大,但却不经济也不环保,所以在一定使用量及组态的胶凝材料下,增进骨料组合的致密性便成为首要任务。

要使单位体积内混凝土的骨料组合具有致密性,必须考虑以下两点:首先,考虑骨料组合的"级配性"。骨料占混凝土组成的 80％ 左右,且由大小不同的颗粒组成,若能让骨料颗粒的尺寸大小呈一种连续性的排列,则大颗粒骨料中有次大颗粒骨料,次大颗粒骨料中又有再次大颗粒骨料,如此循环的级配组合,使颗粒间的空隙皆可被填塞,则整个组合就会有致密性的"骨架"。其次,要考虑骨料之间的"填充性"。混凝土原材料间的填充可分为以下三类:

第一类是水及水性掺合料对胶凝材料的填充,形成水泥浆。

第二类是水泥浆对细骨料的填充,形成砂浆。

第三类是砂浆对粗骨料的填充,形成混凝土。

因为混凝土需要有一定的工作性,故第一类填充几乎是过填充,但是却有其水胶比的限制。第二类填充从低强度混凝土到高强度混凝土,其填充状态是从填充不足到过填充,因受到混凝土规定的抗压强度的影响,故这种填充性能调整的幅度并不大。第三类填充中粗、细骨料占混凝土的绝大部分,故其填充性对混凝土的质量特性有绝对的影响,这类填充也是混凝土配比设计者最应注意的。如果大颗粒骨料间的空隙可以被次大颗粒填满,次大颗粒间的空隙又被再次大颗粒填满,如此循环,那么骨料间不但能形成有效的网络结构(来自外来的力量由绵密的结构传递抵抗),而且大骨料与小骨料之间可形成滚珠效应。骨料间的网络结构可使混凝土具有最佳的抗压强度,骨料间的滚珠效应则可使混凝土具有最佳的工作性。混凝土三类填充中的前两类受到混凝土强度及坍落度要求的影响,或许不能成为有效的填充,但这两类填充物只占混凝土组成的 20% 左右,重要的是占 80% 的第三类填充。有效的第三类填充加上良好的前两类填充补充,可使混凝土在"强状的骨架"上有"强健的肌理组织",同时满足混凝土的工作性及安全性。

混凝土材料组合的级配性及填充性可通过相关的试验加以数据化。掌握了混凝土组合的数据自然可对混凝土所处的状态进行"定位",亦即将混凝土的"基因"定序化,生产时只要掌握定序的"基因"即可产生合适的工作性及应有的抗压强度。

第三节 传统混凝土与高性能混凝土的区别

一、原材料

1.胶凝材料

传统混凝土以水泥为胶凝材料,混凝土的胶凝作用通过水泥的水化作用完成,而高性能混凝土却是以水泥和矿物掺合料混合,发生水化反应及掺合料反应而产生胶凝作用。

2.骨料

(1)含泥量。高性能混凝土要求河砂量小于 2.0%,机制砂亚甲蓝 MB 值小于 1.4,而普通混凝土则无严格要求。

(2)级配。高性能混凝土骨料粒度须"近似"于"富勒级配曲线",而普通混凝土无此要求。

(3)粗细度。高性能混凝土细骨料的细度模数(μ_f)为 2.7~3.1,而普通混凝土的为 2.3~3.1。

(4)粒型。高性能混凝土粗骨料的"扁平率"须小于 10%,而普通混凝土则无严格要求。

3.混凝土外加剂

高性能混凝土必须使用高性能外加剂,以利用高性能外加剂的高减水性降低混凝土的单位用水量,而普通混凝土并无要求。

二、配比设计

在混凝土配比设计方面,高性能混凝土的设计理念与传统混凝土有所差异,详见表1-1。

表 1-1 普通混凝土和高性能混凝土配比设计比较

内　容	普通混凝土	高性能混凝土
设计目标	以工作性、安全性、经济性为要求	除要求工作性、安全性、经济性外,还兼顾耐久性及环保性
设计参数	以经验值或半经验值为主	以材料通过相关试验的数据为主,材料间有数理联系
强度的确定	以 W/C(水灰比)确定	以 W/B(水胶比)确定,添加适量的矿物掺合料

内　容	普通混凝土	高性能混凝土
设计步骤	① 由需求坍落度及骨料最大粒径确定用水量； ② 由强度及耐久性确定需求的 W/C； ③ 依①②两步骤计算水泥用量； ④ 由骨料最大粒径及砂的 μ_f 值通过砂率(β_s)确定粗骨料用量； ⑤ 由混凝土单位体积或重量法计算砂的用量； ⑥ 计算实际用水及骨料量； ⑦ 通过小试做调整	① 通过试验找出骨料的 μ_f 值； ② 通过砂浆试验找出最佳混凝土外加剂的添加量及用水量； ③ 通过空隙率试验找出粉煤灰对砂的最佳添加量； ④ 通过矿渣粉对水泥取代率的砂浆强度试验找出矿渣粉的最佳添加率； ⑤ 由粗、细骨料筛分找出骨料的最佳级配； ⑥ 通过工作性量化试验找出影响混凝土工作性的两种基因值； ⑦ 通过水胶比试验找出各种胶凝材料组态下的水胶比与强度回归方程式； ⑧ 由需求强度确定水胶比； ⑨ 由混凝土单位体积或重量法计算砂的用量； ⑩ 通过小试做调整
设计特色	① 按经验确定 β_s，此经验值并无逻辑依据； ② 未考虑混凝土粒料间的填充关系	① 将所有原材料配制成最致密的组态，使混凝土有最佳的密度； ② 将粒料间的三种填充通过试验建立彼此间的数理关系
配比条件限制	出于耐久性考虑，采取降低 W/C 的方法	① 用水量低于 150 kg/m³； ② 水灰(纯硅酸盐水泥)比(W/C)≥0.42； ③ 水泥用量≤设计强度(MPa)/0.137 MPa； ④ 水固比(W/S)≤0.07； ⑤ 使用高效强塑剂降低用水量

三、生产过程

生产过程无太大差异，但是高性能混凝土使用多种材料，所以生产设备及过程比普通混凝土的要求多一些。

高性能混凝土需要添加矿物掺合料，而矿物掺合料的密度皆低于骨料及水泥的密度，不易拌和均匀，故不适合使用重力式(鼓式)拌和机，须采用强拌式拌和机，且拌和时间须延长。矿物掺合料属于惰性材料，所以混凝土的凝结时间会延长，缓凝剂的添加宜减少，以防止产生塑性裂缝。

四、混凝土施工

(1) 高性能混凝土的用水量低，在其运送途中或泵送时不宜加水搅拌，否则很容易产生材料分离、搅拌不均的现象。

(2) 高性能混凝土中的矿物掺合料须待水泥水化作用后再进行掺合料反应，故施工后应立即浇水或覆盖，以防止表面水分损失，降低龟裂概率。

(3) 当气温低于 15 ℃时，应延迟混凝土的拆模时间，并酌量减少矿物掺合料的添加量。

第二章

高性能混凝土的基本理论

第一节　水　泥

一、水泥的成分

目前工程上所用的水泥均为波特兰水泥（Ordinary Portland Cement，OPC）。波特兰水泥是 20 世纪英国人发明的，包括其主要成分、组成、原料、制造等在内均有一定的标准可循，而目前各国使用的水泥也均为符合波特兰水泥标准的规范化材料。

波特兰水泥是以水硬性硅酸盐类材料为主要矿物原料，经熟料处理后，加以研磨而制得的水硬性水泥，其水化产物遇水不会发生水解反应。

波特兰水泥的密度一般在 3.05 g/cm³ 以上，使用的设计值约为 3.15 g/cm³。在大气环境中，水泥易吸收空气中的水分而受潮，受潮后水泥的密度明显下降，同时还有结块、硬化现象，其水化反应程度将大受影响，故水泥在使用前应特别注意储存方式及所使用容器的密闭性。

波特兰水泥主要以石灰质矿物与黏土质矿物为原料，其主要化学成分见表 2-1。

表 2-1　波特兰水泥的主要化学成分

成　　分	含量（质量分数）/%	
	范　围	平均值
石灰（CaO）	60～66	63
二氧化硅（SiO₂）	19～25	22
三氧化二铝（Al₂O₃）	3～8	5.5
三氧化二铁（Fe₂O₃）	1～5	3
氧化镁（MgO）	0～5	2.5
三氧化硫（SO₃）	0～5	2.5

其中以 CaO、SiO_2、Al_2O_3、Fe_2O_3 四种成分最重要，经过煅烧，这些氧化物会形成结构复杂的复合物，即为水泥的主要成分，包括硅酸三钙（$3CaO \cdot SiO_2$）（50%）、硅酸二钙（$2CaO \cdot SiO_2$）（25%）、铝酸三钙（$3CaO \cdot Al_2O_3$）、铝铁酸四钙（$4CaO \cdot Al_2O_3 \cdot Fe_2O_3$）四种，后两者约占 20%，其余由其他次要成分构成，如氧化镁（MgO）、碱金属氧化物（Na_2O 及 K_2O）、游离态石灰（CaO）、石膏（$CaSO_4 \cdot 2H_2O$）等。四种主要矿物成分的水化速率顺序为：铝酸三钙＞硅酸三钙＞铝铁酸四钙＞硅酸二钙。因为铝酸三钙的水化速率过于迅速，会造成"闪凝"的不良

现象,故在水泥制作过程中会添加 2%～4% 的石膏以延长其凝结时间。石膏必须适量添加,太少会缩短混凝土的凝结时间,太多会延长混凝土的凝结时间,甚至使其不凝结,造成混凝土的不安定现象。同时,在加入石膏的过程中,熟料的温度不宜过高,否则会使石膏脱水变成无水石膏($CaSO_4$)或半水石膏($CaSO_4 \cdot 1/2H_2O$),导致混凝土坍落度急速降低,继续搅拌后流动性又恢复原状并且正常凝结的"假凝结"现象,因而丧失工作性。

波特兰水泥根据其组成成分不同分类如下:

(1)第一型(Type Ⅰ),一般用途的标准水泥。

(2)第二型(Type Ⅱ),将第一型水泥略做改良的普通水泥,是具有中度水化热与中度抗硫酸盐能力的水泥。

(3)第三型(Type Ⅲ),适用于对早期强度有特别需求的情形,亦称为早强水泥。

(4)第四型(Type Ⅳ),低水化热水泥,适用于大体积混凝土。

(5)第五型(Type Ⅴ),具有抗硫酸盐成分的抗硫水泥。

上述不同类型水泥的成分见表 2-2。

表 2-2　不同类型水泥的成分

成分＼类型	硅酸三钙/%	硅酸二钙/%	铝酸三钙/%	铝铁酸四钙/%	MgO/%	SO_3/%	烧失量/%	游离 CaO/%
Type Ⅰ	49	26	11	8	3.0	2.2	1.3	1.0
Type Ⅱ	46	30	6	12	2.1	2.1	1.5	1.2
Type Ⅲ	55	14	10	7	2.1	2.8	1.5	1.6
Type Ⅳ	30	47	5	13	2.1	2.1	1.4	0.8
Type Ⅴ	41	36	4	10	2.8	1.9	1.3	0.8

水泥的成分特性见表 2-3。

表 2-3　水泥成分特性

项　目		硅酸三钙	硅酸二钙	铝酸三钙	铝铁酸四钙
水化反应速率		快	极慢	极快	慢
水化热/$(cal \cdot g^{-1})$		120	62	207	100
强度	早期强度(1 d)	高	低	高	低
	极限强度	高	高	低	低

注:1 cal＝4.18 J(下同)。

水泥化学成分的代号说明见表 2-4。

表 2-4　水泥化学成分的代号说明

水泥化学成分的代号	原化学式	说　明
C	CaO	俗称生石灰(Lime)
S	SiO_2	硅酸盐(Silicate)
H	H_2O	水或以结晶水的形式存在

水泥化学成分的代号	原化学式	说　明
A	Al_2O_3	铝酸盐（Aluminate）
F	Fe_2O_3	氧化铁
$\bar{S}$	SO_4^{2-}	硫酸根离子

二、水泥的水化反应

波特兰水泥加水后，水泥颗粒与水发生化学反应，生成硬固产物，并释放出热量。依其反应型态分为以下几种：

（1）Alite（C_3S）反应。

$$2C_3S + 6H \xrightarrow{\Delta H = 500 \text{ J/g}} C_3S_2H_3（\text{C—S—H 胶体}） + 3CH$$

（2）β-Belite（C_2S）反应。

$$2C_2S + 4H \xrightarrow{\Delta H = 225 \text{ J/g}} C_3S_2H_3（\text{C—S—H 胶体}） + CH$$

以上两式中水泥水化反应（Hydration Reaction）的 C—S—H 产物占水泥水化产物总体积的 55%，这种水泥胶体是水泥强度产生的主体，CH 则为另一种主要水化产物，约占水泥水化产物总体积的 20%，也是使矿物掺合料反应进行的主要反应物。

针对上述两个水化反应的反应式有两点必须说明：① 除非水泥颗粒磨得非常细，否则这两个反应会维持很长时间才能完全水化；混凝土中的水泥因有骨料阻隔，甚至超过 30 年以上水化反应还未完成，由此可知水泥水化反应处于不完全平衡状态。② C—S—H 在长时间水化反应下产生了键链增加的作用，又称为"硅聚合"的多晶反应，使得 C—S—H 并非以 $C_3S_2H_3$ 晶体存在，而是以带有水分子的不定型结晶"胶体"形式存在。

（3）C_3A 与石膏反应。

$$C_3A + 3C\bar{S}H_2 + 26H \xrightarrow{\Delta H = 1\,350 \text{ J/g}} C_3A \cdot 3C\bar{S} \cdot H_{32}（\text{钙钒石，AFt}）$$

$$C_3A \cdot 3C\bar{S} \cdot H_{32}（\text{钙钒石}） + 2C_3A + 4H \longrightarrow 3C_3A \cdot C\bar{S} \cdot H_{12}（\text{单硫型铝酸钙水化物，AFm}）$$

（4）C_3A 在无石膏的条件下反应。

$$C_3A + 6H \longrightarrow C_3A \cdot H_6（\text{水化石榴石}）$$

（5）C_4AF 反应。

$$C_4AF + xC\bar{S}H_2 + yH \xrightarrow{\Delta H = 460 \text{ J/g}} zC_3A \cdot 3C\bar{S} \cdot H_{32} + wC_3A \cdot CSO_4 \cdot H_{12}$$

在（4）（5）的反应中，水泥中的铝酸钙盐类经水化作用后的产物为钙钒石、单硫型铝酸钙水化物及水化石榴石，占水泥水化产物总体积的 10%，对水泥而言，属于填充作用。C_3A 与石膏发生反应的速率极快，有益于早期强度的发展，当水泥中的石膏被耗尽后，钙钒石会与剩余的 C_3A 再结合生成单硫型铝酸钙，如此由密度较低的钙钒石（密度 1.75 g/cm^3）转化成密度较高的单硫型铝酸钙水化物（密度 1.95 g/cm^3）时，体积发生了变化，致使其中存在残留孔隙，对水泥强度有不良影响。C_3A 的水化在未平衡前呈复杂多晶相状态，这些连续反应吸附不同数量的水分子（AFt、AFm 或水化石榴石），致使晶体反复胀缩，产生内应力及孔洞，再加上一些尚未转换的呈碎片状的物质产生类似跨架的危险结构，对水泥强度也有不利影响，这也是 C_3A 及 C_4AF 在初期成长后随即衰减的原因之一。

综上所述,水泥水化反应的主要产物有四种:

(1) $C_3S_2H_3$(Tobermorite),即 C—S—H 胶体($3CaO \cdot 2SiO_2 \cdot 3H_2O$)。

(2) CH(Calicum Hydroxide),即氢氧化钙[$Ca(OH)_2$]。

(3) $C_3A \cdot 3CSO_4 \cdot H_{32}$(Ettringite,AFt),即钙矾石($3CaO \cdot Al_2O_3 \cdot 3CaSO_4 \cdot 32H_2O$)。

(4) $C_3A \cdot CSO_4 \cdot H_{12}$(Monosulfaluminate,AFm),即单硫型铝酸钙水化物($3CaO \cdot Al_2O_3 \cdot CaSO_4 \cdot 12H_2O$)。

这些水化胶体生成物非常细微,密密麻麻的胶体呈细状向骨料间的空隙填充,如果水分充足的话,水化反应会一直进行,其所产生的水化胶体就能继续填满骨料间的空隙,使骨料间的空隙越来越少,混凝土的密度就越来越大,强度也越来越高。

水泥中的硅酸钙盐(C_3S 及 C_2S)水化反应产物除 C—S—H 胶体外,其余物质对混凝土的长期稳定性均不利。生成物 $Ca(OH)_2$ 是无附着效果的六角状结晶物,极易潮解而被溶出,与环境中的 CO_2 结合形成白华($CaCO_3$)并产生碳化收缩,降低混凝土的致密性,是浆体与骨料键结强度损失的主要原因,亦即产生所谓的水泥"富贵病"。其化学反应式为:

$$Ca(OH)_2 + CO_2 \longrightarrow CaCO_3 + H_2O$$

另外,如果水泥处在有硫酸盐的环境中(例如:与海水接触的环境、与化学药剂接触的环境、卫生下水道环境等)且内部已有水或外部渗入水,$Ca(OH)_2$ 就很容易与硫酸盐结合,硫酸钙发生石膏反应会造成 AFt 与 AFm 之间重复反应,使水泥内压反复升降,甚至使水泥溃散。这是混凝土劣化的主因,我们称之为硫酸盐侵蚀。

生成石膏的化学反应式为:

$$Na_2SO_4 + Ca(OH)_2 + 2H_2O \longrightarrow CaSO_4 \cdot 2H_2O + 2NaOH$$

$$MgSO_4 + Ca(OH)_2 + 2H_2O \longrightarrow CaSO_4 \cdot 2H_2O + Mg(OH)_2$$

水泥除了上述主要生成物的水化反应外,还有以下次要生成物:

(1) 游离石灰(CaO)。CaO 与水结合生成氢氧化钙[$Ca(OH)_2$,简写为 CH]的反应式为:

$$CaO + H_2O \longrightarrow Ca(OH)_2$$

此生成物对水泥强度及耐久性皆有不良影响,故水泥中含量不宜过高。

(2) 硫酸钙($CaSO_4 \cdot 2H_2O$,石膏)。水泥中加入 $2\% \sim 4\%$ 的石膏可控制 C_3A 的反应速率,借以延长水泥的工作时间。加入量太多会产生多余的 AFt 与 AFm,造成硫酸盐侵蚀;加入量太少会缩短其凝结时间,降低水泥的工作性。石膏加入水泥时的温度不可太高,否则会使石膏脱水变成无水石膏或半水石膏,造成混凝土"假凝"的不良现象。

(3) 氧化镁(MgO)。若有大量的氧化镁以结晶方镁石的形式存在于水泥中,其发生水化反应后会产生分裂膨胀,使混凝土崩解,故其含量必须在 $0\% \sim 5\%$ 范围内。

(4) 碱金属氧化物(K_2O、Na_2O)。普通水泥中的碱含量一般为 $0.4\% \sim 1.3\%$,某些硅质骨料对水泥中的碱类很敏感,当碱含量太多时,会产生碱骨料反应,使混凝土发生分裂性膨胀。所以,若混凝土使用有碱骨料反应倾向的骨料时,水泥中 $Na_2O + 0.658K_2O$ 的最大值不得超过 0.6%。

三、水泥浆的特性

1.水泥浆体内的孔隙

(1) 毛细管孔隙。毛细管孔隙的孔径大于 $100~\mu m$,此孔隙大部分由水泥浆中的水化水所填充,因此其毛细管孔隙含量由水灰比(W/C)控制,两者成正比。不过严格来说,应该是毛细管孔隙由水泥浆的含水量来控制,水量大则 W/C 就大,毛细管孔隙就多;反之亦然。施工时所产生的空气泡亦为毛细管孔隙的一种,当然,毛细管孔隙量与强度是成反比的。

(2) 胶体孔隙。胶体孔隙的直径小于 100 μm,是一种小孔隙,是指在 C—S—H 胶体层间结合水的原始孔隙,胶体孔隙含量是固定的,与水泥浆中的水灰比(W/C)或混凝土中的水量多少无关。孔隙的总含量等于毛细管孔隙与胶体孔隙的总和。

2.水泥浆体的体积变化

(1) 由化学方程式计算的体积变化。

① 硅酸钙盐。

将 $2C_3S+6H \longrightarrow C_3S_2H_3+3CH$ 写成完整分子式的化学方程式为:

$$2(3CaO \cdot SiO_2)+6H_2O \longrightarrow 3CaO \cdot 2SiO_2 \cdot 3H_2O+3Ca(OH)_2$$

相对分子质量计算如下:

$2(3CaO \cdot SiO_2):2 \times [3 \times (40+16)+28+32]=456$。密度:3.15 g/cm³。摩尔体积:145 cm³。

$6H_2O:6 \times 18=108$。密度:1.00 g/cm³。摩尔体积:108 cm³。

$3CaO \cdot 2SiO_2 \cdot 3H_2O:3 \times (40+16)+2 \times (28+32)+3 \times 18=342$。密度:2.3 g/cm³。摩尔体积:149 cm³。

$3Ca(OH)_2:3 \times (40+2 \times 17)=222$。密度:2.24 g/cm³。摩尔体积:99 cm³。

反应前后的体积变化:(149+99)-(145+108)=-5 cm³,体积收缩 2%左右。

固态体积的变化:(149+99)-145=103 cm³,体积膨胀 70%左右。

水灰比(W/C)或水固比(W/S):水的质量/C_3S 的质量=108/456=0.24,为理论水化比值。

② 铝酸钙盐。

将 $C_3A+3C\bar{S}H_2+26H \longrightarrow C_3A \cdot 3C\bar{S} \cdot H_{32}$ 写成完整分子式的化学方程式为:

$3CaO \cdot Al_2O_3+3(CaSO_4 \cdot 2H_2O)+26H_2O \longrightarrow 3CaO \cdot Al_2O_3 \cdot 3CaSO_4 \cdot 32H_2O$

相对分子质量计算如下:

$3CaO \cdot Al_2O_3:3 \times (40+16)+54+48=270$。密度:3.03 g/cm³。摩尔体积:89.1 cm³。

$3(CaSO_4 \cdot 2H_2O):3 \times (40+32+64+2 \times 18)=516$。密度:2.32 g/cm³。摩尔体积:222.4 cm³。

$26H_2O:26 \times 18=468$。密度:1.00 g/cm³。摩尔体积:468 cm³。

$3CaO \cdot Al_2O_3 \cdot 3CaSO_4 \cdot 32H_2O:3 \times (40+16)+2 \times 27+3 \times 16+3 \times (40+32+64)+32 \times 18=1\ 254$。密度:1.75 g/cm³。摩尔体积:716.6 cm³。

反应前后的体积变化:716.6-(89.1+222.4+468)=-62.9 cm³,体积收缩 8%左右。

固态体积的变化:716.6-(89.1+222.4)=+405.1 cm³,体积膨胀 130%左右。

水灰比(W/C)或水固比(W/S):水的质量/$(C_3A+3C\bar{S}H_2)$ 的质量=468/(270+516)=0.595,为理论完全水化比值。

由上述计算可知,无论 C_3S 或 C_3A,进行水化反应时,其总体积都会收缩 2%~8%,若加上骨料,这些收缩会导致内部裂缝或界面缺陷,此即水泥浆发生的"自体干缩"裂缝,也是水泥浆体空隙产生的原因,所有水泥的水化作用都无法避免此种空隙的产生。

(2) 水灰比的影响及空间限制。

在混凝土中,水灰比(W/C)越大,其水泥浆中的水量越多,体积越大,密度越小,强度当然也越低。虽然在混凝土中要求水量要少,但针对水泥的水化空间,反而希望水泥浆的水量越高(W/C越大)越好。水泥的水化空间较大,水泥颗粒的水化速率便较快、较完全。以下就对水灰比及水化空间两个变量的影响加以说明。

① 水灰比的影响。

从上述硅酸钙盐的化学反应式来看,当 W/C=0.24 时,其空间体积变化为收缩 5 cm³,所以,其空间体积的变化量可以按 248－145－456×W/C＝0 计算,若想其空间体积变化为 0,则其 W/C＝0.23。

所以,W/C越大,其空间体积差值越大,所产生的孔隙就越多。也就是说,反应式左边多余的水会使反应式右边的产物产生更多的毛细孔,这些空间若塞入参与反应的次微米级和纳米级矿物掺合料,则会填塞孔隙并转换成稳定且密度低的物质,这样对混凝土的强度及耐久性都会有正面的影响。

② 空间的限制。

无论 C_3S 或 C_2S 发生水化作用后产生的C—S—H胶体,都会有胶体水吸附在此薄层间,所以密度为 3.15 g/cm³ 的 C_3S 会变成密度为 2.3 g/cm³ 的 $C_3S_2H_3$ 胶体,亦即在上述硅酸钙盐的化学反应式中需额外加入单位水量(0.24×2.3/3.15＝0.18 g/g)才能完成完全的水化作用。所以,要完成水化作用最低的 W/C 为 0.24＋0.18≈0.42 g 水/g 水泥(纯硅酸盐水泥)。

换言之,水泥的 W/C 最低为 0.42,否则水分会不足,即水化作用所需的水量不足,水化将不完全。未水化的水泥核心将吸附邻近孔隙内的水分,造成体积收缩 2%～8%,这种收缩即使充分养护或密封也会发生,这类收缩称为自体干缩。自体干缩除了造成胶凝体的微裂缝外,未能水化的水泥颗粒也无法产生胶凝体,进而破坏水泥浆体的抗压强度,这也是 W/C 过低时混凝土后期强度反而变弱的原因。

对于具耐久性的高性能混凝土而言,W/C＞0.42 表示水泥完全水化后仍有多余的水分未消耗掉,这些多余的水分可为矿物掺合料反应提供所需的水分。矿物掺合料反应造成的低密度胶体或结晶体填塞水泥水化反应所产生的胶体孔隙或毛细孔隙,使其显微结构致密化,从而提高了高性能混凝土的后期强度及耐久性。

当然,高性能混凝土强调拌和水量越低越好,其目的在于既降低水泥浆的孔隙量,又能增加其总体积的稳定性。可是对水泥的水化作用却是水量越多越好,其目的在于降低自体干缩的风险。对于一般中、低强度的混凝土而言,水泥用量较低,但是在高强度混凝土中使用高水泥浆量时就必须考虑"在降低 W/C 时,要考虑使用低水泥量"的策略。对混凝土而言,水量越少,总体孔隙就会越少,此时水泥浆的"质"与"量"对混凝土会有不同程度的影响。在水泥浆"量"不变时,"质"(指 W/C)越高其强度越大;而在水泥浆"质"不变时,"量"越大,密度越小,强度越低。高性能混凝土的耐久性与强度并非等量关系,也并非只与 W/C、W/B 有关,而是与拌和水量有密切关联,水泥中的 C_3S 及 C_3A 含量也与耐久性有关。所以,控制拌和水量及水泥用量是高性能混凝土配比设计的重点。

基本上,W/C 及拌和水量越大,强度越低。从混凝土的观点来看,液体与固体的比值越大则强度自然下降,且水泥浆量越多其体积稳定性越差,产生微裂缝的概率越高,劣化的概率也相对提高。从材料学的观点来看,水泥浆的密度远低于骨料的密度。如果水泥浆的密度等于骨料密度,其相应的 W/C 可依下式计算:

$$\gamma_A = 2.65 = \gamma_C = \frac{W_w + W_c}{V_w + V_c} = \frac{(W/C + 1)W_c}{\dfrac{W_c \times W/C}{1} + \dfrac{W_c}{3.15}} = \frac{W/C + 1}{W/C + 0.318}$$

$$W/C+1=2.65(W/C+0.318)$$

解之得 W/C＝0.095。

一般混凝土所采用的 W/C 远大于 0.095,所以水泥浆的密度均比骨料轻,这也说明了在一定的 W/C 下,水泥浆越多,混凝土的密度就会相对降低,必然影响到其强度。若在传统的混凝土配制中,只关注水泥浆值(W/C)的问题,而忽略混凝土中水泥浆体量(C)的影响,从上述计算中可知,若水泥浆体量增大,不但降低了整个混凝土的致密性,还增加了其孔隙率,对混凝土的强度及耐久性皆不利。从同一浆质的角度来看,降低用水量也是降低水泥浆量,所以针对混凝土的配比,可以将"液固比"(W/S)作为质量评价的参数,再从混凝土的组织密度来看,也应该以 W/S 为主控因素。水固比(W/S)的降低对混凝土整体密度的增加有利,当然对混凝土的强度也是有利的。混凝土的强度不仅是由只占 25%～40% 的水泥浆支配,更需要整体的固态材料作为传递力量的介质支撑。而水只是水化作用所需要的,其数量并不利于混凝土体积的稳定性,所以,良好的混凝土组配中 W/S 应该控制在 0.07 以下(即混凝土用水量需控制在 150 kg/m³ 以下),由此水固比可以用下式计算:

$$W/S＝(配比 SSD 用水量＋液体外加剂量)/(骨料量＋水泥量＋矿物掺合料量) \quad (2\text{-}1)$$

水灰比(W/C)、水胶比(W/B)与水固比(W/S)三者之间的关系可以用图 2-1 加以说明。

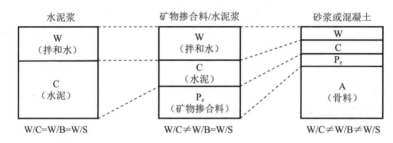

图 2-1　W/C、W/B、W/S 关系图

综上所述,在优质高性能混凝土设计上,"削减水泥用量,通过添加强塑剂,减少拌和水量及水泥总浆量来降低 W/C(但 W/C≥0.42),同时添加矿物掺合料"为最直接而有效的方案。在控制水泥用量上,可参考高性能混凝土中的水泥强度效果(实验统计值),至少应为每千克水泥有 0.137 MPa 的 28 d 抗压强度。换言之,每立方米高性能混凝土的水泥用量应小于设计强度(MPa)/0.137(MPa)。

混凝土由骨料与浆体共同组成,正常骨料体积稳定,干缩与潜变等变形量可视为主要发生在浆体上,因此,混凝土的干缩与潜变性质与浆体的组成材料有密切关系。正因为水泥浆有上述缺点,故高性能混凝土的浆体有必要加入矿物掺合料,以改善水泥浆的缺点。

第二节　矿物掺合料反应

一、矿物掺合料

矿物掺合料以硅、铝、钙等一种或多种氧化物为主要成分,按规定的细度掺入混凝土中,能改善混凝土的性能。它能与水泥水化作用所生成的氢氧化钙或外加碱性物质发生缓慢的水化反应,并生成胶凝性产物。所以,矿物掺合料反应的通式可简略地表示为:

$$
\begin{array}{ccc}
\text{KNH} & & \text{K-Si/Al-H} \\
\text{Si/Al} + \text{NH} & + \text{H}_2\text{O} \longrightarrow & \text{N-Si/Al-H} \\
\text{CH} & & \text{C-Si/Al-H}
\end{array}
$$

$$
\begin{array}{cccc}
\text{矿物} & \text{水泥或} & & \\
\text{掺合料} & \text{外加碱} & \text{水} & \text{胶体}
\end{array}
$$

矿物掺合料的共同成分为 Al_2O_3 及 SiO_2，是一种硅质(石英质)与铝酸盐(矾土质)的混合物,当水泥水化作用的产物氢氧化钙(CH)生成量足够多时,就会与矿物掺合料中的 Al_2O_3 及 SiO_2 直接反应生成钙硅水化物及钙铝水化物,其主要反应式如下:

$$3CH + 2S \longrightarrow C_3S_2H_3(\text{胶体})$$
$$3CH + 2A \longrightarrow C_3A_2H_3(\text{盐类})$$

二、矿物掺合料在混凝土中的作用

1.物理作用

(1)颗粒堆积效应。在混凝土各种原材料的混合初期,矿物掺合料与骨料颗粒形成更密实的堆积,因而降低了骨料间的空隙,进而使混凝土有更致密的组成,这不仅改善了混凝土的工作性,而且增加了其强度,同时又能取代一部分水泥用量,达到经济性的目的。

(2)不同密度效应。粉煤灰与矿渣粉的密度小于水泥,尤其是粉煤灰,故粉煤灰与矿渣粉按质量比取代水泥时,在总胶量不变的情况下,会使浆体的实际体积增加,即浆体与骨料的体积比提高;浆体量增加,会使浆体对混凝土性质的影响相对提高,在体积稳定性上产生一定的正面影响。

2.化学作用

(1)矿物掺合料反应为"二次反应"(Secondary Reaction),故矿物掺合料的反应相对水泥的水化反应是滞后的。以矿物掺合料取代水泥时,初期可使水化反应的水泥量减少,水化热因此而降低。

(2)矿物掺合料反应将使混凝土整体性能的发展历程有推迟、拉长的趋势,龄期较长时,混凝土的各项性能仍可因矿物掺合料的反应而持续增长。

(3)在水泥的水化产物中,CH 是相对较弱的部分,且会溶于混凝土中的水汽或游离水中,并随之析出,造成混凝土劣化。矿物掺合料反应的发生可大幅度减少可水解的 CH 成分,生成致密的 C—S—H 胶体,从而使混凝土的孔隙更加致密化。龄期越长,矿物掺合料的反应程度越高,混凝土的孔隙率也越低。整体而言,CH 对混凝土耐久性的提升有相当好的效果。

3.水泥与矿物掺合料的区别

水泥进行水化反应,矿物掺合料进行矿物掺合料反应,而矿物掺合料反应须利用水泥水化反应后的 CH 进行二次反应,所以矿物掺合料也称为"滞后性材料"。

水泥、矿渣粉、粉煤灰、硅灰、稻壳灰等虽同为混凝土胶凝材料,但其胶凝性能各不相同,主要是因其组成成分 CaO、SiO_2、Al_2O_3 的含量不同所致,下面以图 2-2 加以说明。

由图 2-2 中各种混凝土胶凝材料的关系可知:CaO 越多则越接近水泥特性(进行水化反应),SiO_2、Al_2O_3 越多则越接近矿物掺合料特性(进行矿物掺合料反应),而矿渣粉则介于两者之间,故具有"半水泥"特性。

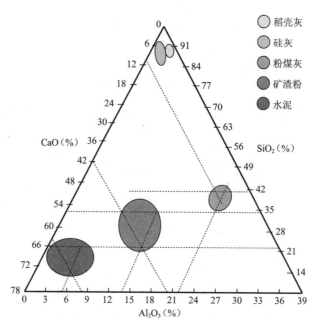

图 2-2　混凝土胶凝材料成分分布图

粉煤灰、硅灰、稻壳灰中 CaO 含量甚少,SiO_2、Al_2O_3 含量较高,故几乎不会有水化作用,只发生矿物掺合料反应。所以这些材料在混凝土中不可过量添加,否则混凝土很容易产生强度不足或中性化问题。

虽然粉煤灰与矿渣粉同属矿物掺合料,都进行矿物掺合料反应,但两者的反应程度是有差别的,其原因有两种:矿物组分含量不同,F 级粉煤灰的反应性较弱,不如矿渣粉的反应性;一般矿渣粉的颗粒远比粉煤灰及水泥小,故矿渣粉的反应性比粉煤灰大得多。

三、混凝土中添加矿物掺合料的优点

矿物掺合料反应对混凝土有以下益处:

(1)可消耗一部分因水泥水化作用产生的 CH,减少白华及碳化收缩的发生。更由于矿物掺合料反应可固化易溶性的氢氧化钙、氢氧化钾及氢氧化钠使骨料与水泥浆界面更加稳定,可明显降低水的渗透性,所以又被称为减渗剂。

(2)增加混凝土的 $C_3S_2H_3$(胶体)及 $C_3A_2H_3$(盐类),使浆体大孔隙逐渐转换成较致密的组织,提高骨料界面的黏结强度,减少微裂缝的发生,降低混凝土的透水性。

(3)可相对降低水泥用量,而且 $C_3S_2H_3$(胶体)及 $C_3A_2H_3$(盐类)反应生成物的裹覆使水化反应不至于过快,可避免混凝土内产生不当的增压破坏。

(4)因水泥水化作用产生的 CH 被消耗掉一部分,所以混凝土在硫酸盐环境中不易生成石膏等硫化物,水泥中的 C_3A 与 C_4AF 可降低 AFt 与 AFm 的生成,亦即可减少硫酸盐侵蚀的发生。

(5)碱骨料反应是由水泥中的碱类对活性硅质骨料表面侵蚀开始的,生成的硅胶体破坏骨料表面,这种胶体具有很高的吸水性,与水接触后膨胀,在骨料周围的水泥浆内产生应力,使混凝土膨胀而开裂,而矿物掺合料反应消耗了一部分水泥水化反应的 OH^-,降低了碱含量,也减少了碱骨料反应的机会。

（6）矿物掺合料反应在水泥水化作用后才发生，亦即混凝土的后期强度会更好。

（7）与水泥水化反应相比，矿物掺合料反应是慢性反应，混凝土释放的水化热较低，不会产生热应力龟裂。

综上所述，矿物掺合料的应用并非只有化学作用，其实物理堆积作用所发挥的功能更大。优质高性能混凝土所采取的技术是将材料间的空隙以矿物掺合料填实，接着就是化学反应所发挥的效能了，亦即"物理致密，化学强化"的双功能。这些矿物掺合料包括硅藻土、猫眼石、角岩、黏土、页岩、火山堆石、浮石、粉煤灰、稻谷灰及硅灰等。

另外，矿物粉末等惰性材料可用来增加工作性，并作为填充料，有致密充塞空隙的功能，可增加混凝土的密度，也有益于混凝土的耐久性。

美国混凝土协会在《混凝土结构设计规范》（ACI 318）中规定，若混凝土暴露在冰盐环境中，粉煤灰、矿渣粉、硅灰及其他矿物掺合料在混凝土中的含量不得超出表 2-5 所给的数值。参考《矿物掺合料应用技术规范》（GB/T 51003—2014）及美国《混凝土结构设计规范》（ACI 318），根据工程所处的环境条件、结构特点，混凝土中矿物掺合料占胶凝材料总量的最大百分率（β_b）宜按表 2-5 的标准来控制。

表 2-5　矿物掺合料规范标准

矿物掺合料的种类	水胶比	水泥品种	
		硅酸盐水泥	普通硅酸盐水泥
粉煤灰（F类Ⅰ、Ⅱ级）	≤0.40	≤45%	≤35%
	>0.40	≤40%	≤30%
粒化高炉矿渣粉	≤0.40	≤65%	≤55%
	>0.40	≤55%	≤45%
硅　灰	—	≤10%	≤10%
石灰石粉	≤0.40	≤35%	≤25%
	>0.40	≤30%	≤20%
钢渣粉	—	≤30%	≤20%
磷渣粉	—	≤30%	≤20%
沸石粉	—	≤15%	≤15%
复合掺合料	≤0.40	≤65%	≤55%
	>0.40	≤55%	≤45%

第三节　高性能混凝土原材料配制原则

一、原材料组合的致密性

混凝土是由骨料、胶凝材料、水等组成的，各组分间相互填充，若能组成最致密的状态，则混凝土可有较佳的工作性及强度。在前面提及的三类填充中，如何做好第二类填充和第三类填充才是关键。

二、骨料的级配性

由各种尺寸粒径组合成的实体有比较小的空隙率,这意味着可使用较少的胶凝材料去填充这些空隙,同时不同粒径组成的网络实体结构可分散外力而使混凝土强度增加,从而承受更大的压力。所以,除了充分了解骨料的粒料分配外,如何将各种骨料做适当的调配也是生产高性能混凝土的重要工艺技术。

三、水

水尽量少用,以让配比中的水固比(W/S)低于 0..07 为原则,但为防止混凝土产生自体干缩,水灰比(W/C)又必须不低于 0.42。

四、外加剂

为降低配比中的用水量,外加剂采用强塑剂较佳,须通过试验在上述用水量之下找出该外加剂掺量的临界点(Critical Point)作为添加量。

五、水泥

按每千克水泥有 0.137 MPa(经验系数)的 28 d 抗压强度作为配比水泥用量的原则,此原则与水泥型态有关,最好通过小拌试验确定。

六、矿渣粉

由于水淬矿渣粉经急速冷却形成,故含有较高的玻璃质成分,并且具有较高的反应能力,可以进行矿物掺合料反应,以其活性值超过 95% 级以上者较佳,所以可以适量取代水泥,其取代率按下式计算:

$$矿渣粉取代率(S\%) = \frac{矿渣粉的质量}{矿渣粉的质量 + 水泥的质量} \tag{2-2}$$

七、粉煤灰

粉煤灰的反应活性很低(尤其是 F 级粉煤灰,几乎都在 14 d 后才发生作用),故不能取代水泥的用量,而当作填充材料(Filler)来使用较恰当,其添加率按下式计算:

$$粉煤灰添加率(\%) = \frac{粉煤灰的质量}{粉煤灰的质量 + 砂的质量} \tag{2-3}$$

粉煤灰的密度为 2.0 g/cm³ 左右,在混凝土固态材料中是最低的,若添加过多,会造成混凝土组成密度降低而影响强度。

在后面的章节中我们将对高性能混凝土原材料的配置原则分别依其相关理论加以说明,并对各种原材料的用量进行量化。

第四节　添加矿物掺合料的混凝土的常见问题

一、表面发青

此现象在混凝土干燥后就会逐渐消退,对混凝土强度无任何影响。原因如下:矿渣粉中含有氧化锰及氧化铁,在水合过程中与水反应生成的氢氧化物的颜色为深蓝色。当混凝土干燥后,氢氧化物再度被空气氧化,颜色会渐渐褪去。

这种发青现象随着水量的增加、矿渣粉掺合量的增高及混凝土未受日晒而更为明显。

二、表面起粉

此现象起因于混凝土拌和时间不足或浇筑中过度加水。原因如下:

(1)矿物掺合料的密度相对较小(与骨料、水泥相比),若未充分拌和又加入过多的水,则因颗粒较轻,容易浮于表面而使混凝土表面的水灰比过高,导致其胶凝不良,强度不足。

(2)混凝土浇筑时,若流经的导槽太长,较重的粗骨料常与水泥砂浆产生分离现象,因而产生浮水。

(3)坍落度过大的混凝土灌注模体后,较重的粗骨料会下沉,较轻的砂浆体有上升趋势,这种现象直到初凝才能停止。

(4)现场浇筑施工时,工人经常为了工作容易而任意加水,以致上述现象更加恶化,结果造成混凝土强度不足、表面起粉,甚至龟裂等不良现象。

三、龟裂

造成混凝土龟裂的原因很多,不仅与所有原材料有关,还与施工不当及环境有密切关系。混凝土浇筑成型后,须加以适当养护,才可使水化作用顺利进行,从而达到预定龄期的强度,若养护不当,则必然产生龟裂。原因如下:

(1)混凝土浇筑后,表面及里层干湿程度不同,会造成内外差异应力而产生裂痕。

(2)气温变化会使混凝土表面产生差异变形或差异应力,导致体积膨胀不均而产生裂痕。

第三章

高性能混凝土外加剂

第一节　混凝土常用外加剂

现在混凝土的配比中,除原有的水泥,水,粗、细骨料等必要原料外,大多数还须另外添加外加剂,以改善或调整混凝土的性能,满足混凝土施工或力学性质上的需求,如和易性、凝结时间、强度发展速率与含氧量等。由于这类外加剂多数是通过在水泥浆体中发生的化学反应来达到改变混凝土性能的成效的,故一般称为化学外加剂(Chemical Admixtures),大多数化学外加剂的成分以高分子聚合物为主。

使用混凝土外加剂而带来的最重要的一项工程效益是可以节省大量水泥,既节省了工程成本,也为环保作出了贡献。近年来,专家学者皆齐力疾呼,要在不影响工程质量的前提下降低水泥的使用量,既能使混凝土结构体少得"富贵病",也能减少生产水泥所排放的二氧化碳,避免温室效应。当然,水泥的使用也不能无限制地降低,既要达到质量目标,又要符合经济性要求,水泥与矿物掺合料的正确使用,将是很好地履行社会责任与达到环保要求的不二法宝。

混凝土外加剂在全球发展的历史已近百年,混凝土外加剂的定义自1980年开始讨论,后经挪威奥斯陆和瑞士日内瓦两次会议确定为:在混凝土、砂浆、水泥浆搅拌之前或拌制过程中加入等于或少于水泥质量的5％,用于改善新拌混凝土和(或)硬化混凝土性能的材料,称为混凝土外加剂,简称外加剂。外加剂属于表面活性剂,对水泥、水的作用有绝对性影响,简而言之其功效有两个:

(1)对水泥粒子内聚力的影响,换言之,就是外加剂在相同条件下,影响水泥凝胶产生的减水效果及分散能力,是确保强度及耐久性的关键。

(2)对水泥水化作用的反应,也就是外加剂能根据需求调整凝结时间的长短,对早期及中期强度发展的趋势有绝对影响。

一、外加剂的类别

目前在工程上应用最多的外加剂,以减水、缓凝、引气等功能为主,即多数情况下,混凝土使用外加剂的主要目的在于减水,以提高混凝土的强度或改善混凝土的工作性,延迟混凝土的凝结时间,产生微细的气泡以预防冻融效应或提升工作性等。例如:为提高混凝土强度而降低水灰比设计时,若要保持工作性基本不变,可考虑在混凝土中使用减水剂或高性能减水剂,以使混凝土在水灰比降低、抗压强度提高的同时,仍然保持一定的工作性,从而确保施工质量。这类减水剂通常以木质素磺酸盐、羰基焦醛、萘系化合物、羧酸高分子聚合物为主。

1.引气剂

引气剂添加的目的是在混凝土中产生微小的气泡,此气泡可缓解水分冻融产生的空隙水压力。混凝土会因此产生收缩,不易膨胀破裂,增加抗冻融能力,进而保障整体性,在寒带地区使用意义较大。引气剂作为混凝土配比成分的材料,通常在拌和前或拌和过程中添加,但是须注意引气剂的副作用,以防止混凝土强度损失。

与相同配比的无引气剂混凝土相比,引气混凝土的含气量每增加1%,强度降低5%,因此在混凝土配比设计时必须通过水胶比加以修正。

2.凝结调整剂

在混凝土中添加凝结调整剂的目的在于改变混凝土中水泥的凝结时间。例如,夏季因混凝土的环境温度偏高,可使混凝土中的水泥快速水化而提早硬固,造成施工困难,故混凝土应有缓凝效果。反之,在寒冷或紧急施工的工程中,混凝土快速凝结则有助于早期强度的发展,故混凝土要有速凝的效果。凝结调整剂按凝结速率不同可分为以下几类:

(1)早强剂。早强剂能加速水泥的水化速率,提高混凝土早期强度并且对后期强度无显著影响,宜用于蒸养、常温和在最低温度不低于-5 ℃的环境中施工的有早强要求的混凝土工程。早强剂包括以下几类:

① 有机化合物类,例如三乙醇胺、甲酸盐、异丙醇胺类等。

② 无机盐类,例如亚硝酸盐、硝酸盐、氯盐、硫酸盐等。

③ 复合盐,即两种或两种以上有机化合物或无机盐的复合物。

各类早强剂都有其优点和局限性。一般有机类早强剂能提高后期强度,但是单掺早强剂效果不明显,而一般无机盐类早强剂原料来源广且经济性高,早强作用明显,但有使混凝土后期强度降低的风险。如果将两者合理组合,不但能够显著提高混凝土的早期强度,而且后期强度也能得到一定的提高,并且能大大减少无机化合物的掺入量。两种或者两种以上的早强剂复合,可以扬长避短,优势互补,充分发挥各种材料间的叠加效果。

(2)速凝剂。速凝剂是能使混凝土或砂浆迅速凝结硬化的外加剂,应用于喷射混凝土,涵洞边坡、斜坡及其他工业建筑的修复与加固、堵漏抢险,新型薄板建筑等。速凝剂包括以下几类:

① 以铝酸盐、碳酸盐等为主要成分的粉状速凝剂。

② 以硫酸铝、氢氧化铝等为主要成分,与其他无机盐、有机物复合而成的低碱粉状速凝剂。

③ 以铝酸盐、硅酸盐等为主要成分,与其他无机盐、有机物复合而成的液体速凝剂。

④ 以硫酸铝、氢氧化铝等为主要成分,与其他无机盐、有机物复合而成的低碱液体速凝剂。

速凝剂的促凝效果与其掺入水泥中的数量成正比,但过量后不再速凝,并且掺入速凝剂的混凝土后期强度有损失。

(3)缓凝剂。缓凝剂的功能在于延缓 C_3S 的水化速率,其材料包括糖类、酸类、木质素磺酸盐等。混凝土中加入缓凝剂,虽然延缓了 C_3S 的反应,却会加速 C_3A 的水化反应,使新拌混凝土产生坍落度损失(Slump Loss),若不慎添加过量,则会产生不凝现象。为使缓凝剂的效果发挥得更好,一般在混凝土拌和时采用"后加型"方式添加缓凝剂,亦即使水与水泥熟料先发生水化作用,再添加缓凝剂,此时水泥中的 C_3A 及 C_4AF 已大部分完成了钙矾石反应,不再吸附缓凝剂,缓凝剂的效果也因而得以保持。

凝结调整剂加入混凝土会使其产生"早凝结"或"晚凝结"现象,这种改变混凝土凝结时间的效果,对混凝土后续强度的发展也有影响,主要表现在:早期强度发展较快时,不利于后期强度的发展;反之亦然。

3.减水剂

水是极性物质,混凝土中的减水剂使水泥颗粒产生与水相斥的极性,从而使水泥颗粒在混凝土中均匀分散,同时也降低了其间的摩擦力,使润滑用水量大为减少,降低了水胶比,提升了混凝土的性能。

(1) 普通减水剂。普通减水剂的减水率为6%～14%,其主要成分为羰基焦醛、木质素磺酸盐、聚合物等。

(2) 强塑剂。减水率在14%以上的减水剂方可称为强塑剂,强塑剂又分为高性能减水剂和高效减水剂两大类。为了维持混凝土原有的强度,必须靠减水剂大幅度减少用水量,所以强塑剂应运而生。强塑剂有效提升了混凝土的质量,因而发展出高强度混凝土(HSC)、高流动性混凝土(HFC)、高性能混凝土(HPC)、自密实混凝土(SCC)等新型产品。

一般强塑剂的化学成分如下:

① 变性木质素磺酸盐类。本产品为生产纸浆或纤维浆的副产品,经生物发酵、中性化析晶、过滤所得,其分子结构包括碳酸根、羟基、甲氧基、磺酸基,以聚合物盐类的方式存在,以钠盐及钙盐较为常见,平均相对分子质量为15 000～30 000,也有相对分子质量低于1 000或高于100 000的,但市场仍青睐相对分子质量在25 000左右的产品,其减水率及表现的物性也较稳定。其钠盐与钙盐产品可从溶解度、沉淀物、成本及水溶性离子程度等方面加以区别,一般而言,钠盐含有较少的沉淀物,具有较高的溶解度、生产成本及水溶性离子程度,外观颜色呈棕色至无色,pH分布广,4～10范围内均有,在预拌混凝土行业以液体方式计量添加。以该产品有效成分38%～40%为例,通常添加量为(0.3%～1.2%)×胶凝量,减水效果为3%～18%,过量使用会有超缓凝现象发生,强度发展迟滞甚至被破坏。

② 萘磺酸甲醛缩合物。本产品主要为萘磺化后与甲醛缩合而得,平均相对分子质量为1 000～10 000,聚合度n为5～15,经过磺化、水解、缩合、中和等过程,外观颜色呈现棕色至无色,pH为7～10,以液体方式计量添加。以该产品有效成分38%～40%为例,通常添加量为(0.9%～2.8%)×胶凝量,减水效果为12%～30%,该类型产品无缓凝问题,但坍落度损失较大。

③ 三聚氰胺与甲醛树脂缩合物。本产品为三聚氰胺与甲醛经树脂化聚合而得,平均相对分子质量为10 000～25 000,聚合度n为40～65,同剂量下其凝结时间及引气量的表现明显大于萘磺酸甲醛缩合物,外观颜色呈现透明略混白。该类型产品常被误当作羧酸产品,使用时应注意避免混淆。

④ 氨基磺酸盐甲醛缩合物。本产品由氨基磺酸磺化后与甲醛缩合制得,可归类为多元有机酸系列产品,平均相对分子质量为5 000～10 000,聚合度n为10～20,经过磺化、缩合、中和等过程,外观颜色呈墨褐偏红色,pH为7～10,以液体方式计量添加。以该产品有效成分38%～40%为例,通常添加量为(0.8%～2.8%)×胶凝量,减水效果为12%～40%,该类型产品无缓凝问题,具有较佳的坍落度保持性能。

⑤ 羧酸高分子缩合物(简称聚羧酸)。本产品由聚羧酸高分子缩合而得,常见的共聚类型为马来酸共聚物、丙烯酸与丙烯酸酯、多羧酸接枝共聚物,均为多元有机酸系列,平均相对分子质量为15 000～30 000,经过磺化共聚、接枝、缩合等过程,外观颜色会因原料不同而有所差异,一般呈现微淡黄色、淡红色、无色等,pH为2～10,以液体方式计量添加。以该产品有效成分17%～20%为例,通常添加量为(0.5%～2.0%)×胶凝量,减水效果为14%～45%,具有较佳的坍落度保持性能。

羧酸高分子缩合物被证实在较低的掺量下具有较好的减水效果,其减水率比其他减水剂的减水率大得多。但应注意,与其他减水剂相比,羧酸高分子缩合物减水剂的减水效果与试验条件的关系很大。另外,羧酸高分子缩合物的减水效果比其他减水剂更重视"搅拌动力",故须注意搅拌的型态。在混凝土中加入矿物掺合料时,羧酸高分子缩合物的减水率优于萘系减水剂。

⑥ 其他酯类衍生物或符合 ASTM 规范要求者。外加剂在国内市场上要求相当严格，除了在不溶物的要求上不得高于 0.2％外，氯离子含量亦不得高于 0.05％，在质量验收时，针对 pH、密度及有效固含量，也会做均匀性及同等性试验。另外，应监控每批货的留样及物性表现，积极了解产品状况，并于每半年或每年对使用的混凝土外加剂做一次型式检验。检验内容包括基本减水效果、空气含量、工作性、抗压强度等。

以上是常用于混凝土的外加剂，现将其间的关系用图 3-1 表示。

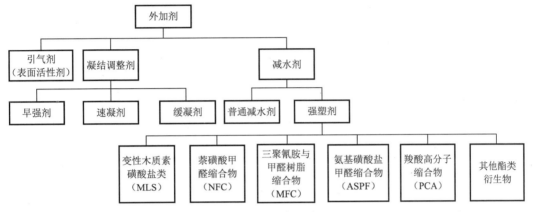

图 3-1　混凝土外加剂的附属关系

二、外加剂的分类

混凝土用外加剂的分类方式有很多种，国内最常用的分类方式是依据美国材料试验协会 ASTMC494(Standard Specification for Chemical Admixtures for Concrete)给出的分类法，将混凝土外加剂分为七大类：Type A—Water-reducing admixtures；Type B—Retarding admixtures；Type C—Accelerating admixtures；Type D—Water-reducing and retarding admixtures；Type E—Water-reducing and accelerating admixtures；Type F—Water-reducing, high range admixtures；Type G—Water-reducing, high range, and retarding admixtures。或直接引用 GB 8076—2016《混凝土外加剂规范》中所提的八大分类法：A 型——高性能减水剂；B 型——高效减水剂；C 型——普通减水剂；D 型——引气减水剂；E 型——泵送剂；F 型——早强剂；G 型——缓凝剂；H 型——引气剂。

无论引用哪一种分类法，皆有异曲同工之处，探讨的主要分类物性不外乎最大用水量（相对于控制组混凝土的用水量）、凝结时间（与控制组混凝土的许可差）、最小抗压强度百分比、最小抗弯强度百分比、长度变化或最大收缩量（择其一使用，相对于控制组混凝土）及相对最小耐久性因子值，而这些标准皆使用纯水泥配比，具体物性要求见表 3-1。

近年来，由于 HPC(High Performance Concrete)与 SCC(Self-Compacting Concrete)混凝土流动化技术的推广及使用，传统外加剂的分类已无法满足上述流动化混凝土技术的需求，在大量使用矿物掺合料的情况下，有些物性的呈现已超越以往的认知。在进行传统混凝土外加剂比对时，水泥使用量为(307±3)kg/m³，控制组与比对组的坍落度皆须控制在(89±13)mm，以展现混凝土外加剂的减水效果。而在流动化剂检测时，水泥使用量为(335±3)kg/m³，控制组的坍落度须控制在(89±12)mm，但比对组在添加流动化剂之后，需要在同水量情况下坍落度为(216±25)mm 才能达到流动化剂坍落度增加的要求。所表现的是流动性与坍落度增加的效果，当然比对型态不同，所呈现出来的强度表现值也有所差异。

表 3-1　各类外加剂的物性要求

项　目	高性能减水剂（HPWR）			高效减水剂（HWR）		普通减水剂（WR）			引气减水剂（AEWR）	泵送剂（PA）	早强剂（Ac）	缓凝剂（Re）	引气剂（AE）
	早强型（HPWR-A）	标准型（HPWR-S）	缓凝型（HPWR-R）	标准型（HWR-S）	缓凝型（HWR-R）	早强剂（WR-A）	标准型（WR-S）	缓凝型（WR-R）					
减水率/%（不小于）	25	25	25	14	14	8	8	8	10	12	—	—	6
泌水率/%（不大于）	50	60	70	90	100	95	100	100	70	70	100	100	70
含气量/%	≤6.0	≤6.0	≤6.0	≤3.0	≤4.5	≤4.0	≤4.0	≤5.5	≥3.0	≤5.5	—	—	
凝结时间之差/min（初凝、终凝）	−90~+90	−90~+120	>+90	−90~+120	>+90	−90~+90	−90~+120	>+90	−90~+120	—	−90~+90	>+90	−90~+120
1 h 变化量　坍落度/mm	—	≤80	≤60	—	—	—	—	—	—	—	—	—	—
1 h 变化量　含气量/%	—	—	—	—	—	—	—	—	−1.5~+1.5	—	—	—	−1.5~+1.5
抗压强度比/%（不小于）　1 d	180	170	140	140	—	135	—	—	—	—	135	—	95
抗压强度比/%（不小于）　3 d	170	160	—	130	—	130	115	—	115	—	130	—	95
抗压强度比/%（不小于）　7 d	145	150	140	125	125	110	115	110	110	115	110	100	90
抗压强度比/%（不小于）　28 d	130	140	130	120	120	100	110	110	100	110	100	100	90
收缩率比/%（不大于）　28 d	110	110	110	135	135	135	135	135	135	135	135	135	135
相对耐久性（200 次）/%（不小于）	—	—	—	—	—	—	—	—	80	—	—	—	80

高性能混凝土的首要任务是降低混凝土的水固比（W/S），故必须使用较高减水率的外加剂，而外加剂中的羧酸高分子缩合物（PCA）是目前商品混凝土使用的最广泛的外加剂，故有必要对其宏观及微观作用加以讨论。

三、聚羧酸外加剂

1.聚羧酸外加剂的组成

混凝土使用的外加剂成分因目的不同而分为多种，以混凝土生产中最常用的强塑剂为例，大致可分为高效减水剂及高性能减水剂两大类。高效减水剂以木质素磺酸盐类（MLS）、萘磺酸甲醛缩合物（NFC）及三聚氰胺与甲醛树脂缩合物（MFC）为代表，高性能减水剂则以氨基磺酸盐甲醛缩合物（ASPF）及羧酸高分子缩合物（PCA）为代表，而羧酸高分子缩合物因其使用的广泛性及经济性，已然成为市场的主流。

高性能混凝土有多方面的性能要求，故只能使用高性能减水剂，现以市场主流的羧酸高分子缩合物高性能减水剂为例加以说明。聚羧酸经酯化反应及聚合反应生成。首先通过选择适合的单体，"接枝"合成有一定侧链长度的大分子单体（如聚醚单体）主链；在催化剂的作用下，大分子单体与其他单体（如羧基、氨基、聚氧烷基及羟基等官能团的单体）发生"共聚"效应合成支链，其分子最终成为梳形结构的多元聚羧酸共聚物。

分子主链和支链上不同官能团的比例，相对分子质量，分子结构，主、支链长度比，极性与非极性比例等，都会影响聚羧酸的性能。水泥颗粒对聚羧酸分子的吸附呈锯齿形，具有更显著的空间立体分散效果，是流动化混凝土非常适用的外加剂。

2.聚羧酸在混凝土中的微观作用机理

（1）分散作用。如图3-2(a)(b)所示，聚羧酸主链吸附于水泥表面，因其带有亲油性的与水相斥的电荷，相互排斥，可将水泥颗粒与水分开，从而达到高减水的效果。所以聚羧酸主链越短，支链越长，减水率越高；反之，保坍性能越好。

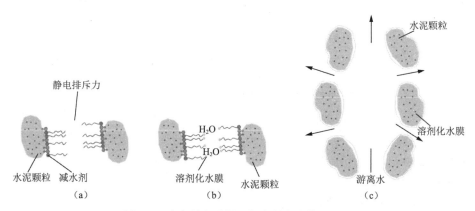

图3-2　减水剂在混凝土与水泥中的作用机理

（2）空间位阻作用。空间位阻作用可提高水泥的分散性，提高减水率，增加混凝土的保塑性及均质性。

（3）润滑作用。如图3-2(c)所示，水泥表面的减水剂吸附膜能与水形成一层稳定的溶剂化水膜，这层水膜有很好的润滑作用，能提高混凝土的流动性。

（4）支链缓释作用。新型聚羧酸减水剂为双层梳形分子结构，如图3-3所示。在其支链上共聚有酯基、酸酐或其他非亲水性基团,虽然降低了聚羧酸减水剂在水泥颗粒表面的吸附性,但提供了空间位阻作用。在足够的搅拌动力之下,该支链在水泥产生水化作用后的高碱性环境中,会慢慢被切断并发生水解,转化成羧基,重新吸附在水泥颗粒表面,以达到控制坍落度损失的目的,其过程如图 3-4 所示。

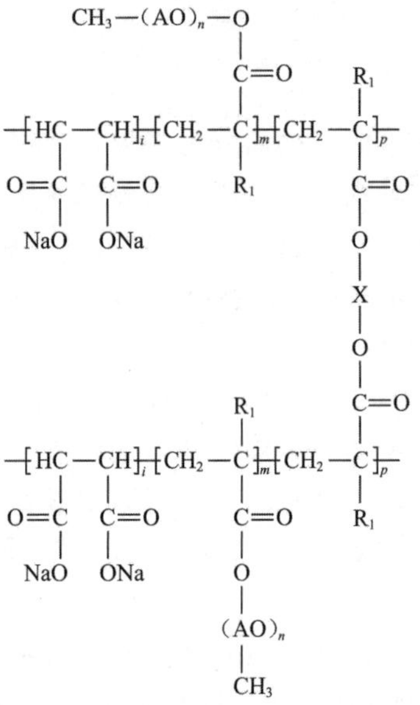

图 3-3　具有支链缓释作用的双层梳形聚羧酸分子结构

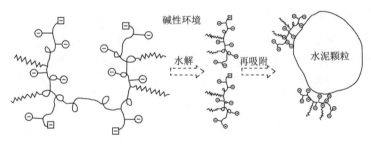

图 3-4　聚羧酸缓释作用示意图

3.高性能混凝土对外加剂的宏观性能要求

因高性能混凝土具有一定的流动性,组成材料的分布呈均质性,材料间具有凝聚性,混凝土移动时仍具有稳定性,骨料的大小粒料间具有包覆性,且要考虑泵送性、延迟施工等因素,故添加的外加剂必须符合以下要求:

(1) 减水性(Reducing),减水率≥15%。

(2) 缓凝性(Retarding),初凝时间为 1~3.5 h。

(3) 保坍性(Slump Retainer),60 min 后的坍落度损失<20%。

(4) 保塑性(Plastic Retainer),即混凝土可泵送。

缓凝(初凝发生时间)与坍落度变化没有特定的关系,亦即发生初凝前的坍落度变化是可以改变的。

第二节　外加剂的减水率试验

外加剂减水率的定义很严谨,是指依照相关标准规范,采用基本水泥,按照一定的配比和一定的拌和程序,控制混凝土坍落度为(8±1)cm 时所测得的数据。人们总是在很多场合借用这一词语来表示产品的减水效果,以至于经常产生误会,所以必须以混凝土生产的原材料为试验依据,通过以下试验得出外加剂实际的减水率。在试验之前先给出几个定义:

(1)控制变因,即试验过程中不会改变的因子。

(2)操纵变因,即试验过程中按某量或某种类变化的因子。

(3)应变变因,即试验过程中因操纵变因改变而对应变化的因子。

一、目的

(1)依现场使用的混凝土原材料,以砂浆试验的坍流度(坍落度×扩展度,简称坍流度)为试验的应变变因,标定该外加剂的减水率(Water Reduction Rate)。

(2)试验结果作为该批外加剂进料的验收依据。

二、使用工具、设备

(1)电子秤。

(2)砂浆搅拌机。

(3)砂锥模。

(4)小汤匙、刮刀。

(5)直尺。

三、使用材料

砂样可用标准砂或厂内原料砂(若是混凝土生产厂的试验,则一定要使用生产所使用的砂),其余水泥、矿渣粉、粉煤灰及水皆为厂内使用的原料。

四、试验步骤

(1)从生产线取出足量的试验用砂样本,并依相关标准测试出其含水率。

(2)确定试验的胶凝材料组态及试验点选择。

① 胶凝材料组态:依外加剂所使用配比的胶凝组态确定。

② 试验点选择:以欲标定的配比或以生产用的中间配比作为试验配比(例如,以总胶凝材料 300 kg/m³ 为选定对象)。

(3)将试验划分成两个阶段执行。

第一阶段:基准组,按上述选定的配比不加外加剂做试验。

第二阶段:对照组,按上述选定的配比加外加剂做试验。

（4）基准组试验。

① 以配比的用水量为操纵变因，砂浆坍流度为应变变因，配比其他条件为控制变因。

② 初次试验的配比用水量定为 200 kg/m³，以此为基准加减 5～15 kg/m³，计算出四个以上的试验配比。

③ 依实验室砂浆拌和试验方法，分别测出试验配比的砂浆坍流度。

（5）对照组试验。

① 以配比的用水量为操纵变因，砂浆坍流度为应变变因，配比其他条件为控制变因。

② 以外加剂供货商提供的外加剂减水率计算第一组试验配比的用水量[例如：设该外加剂的减水率为 8%，则试验用水量为 200×(1−0.08)＝184 kg/m³]，以此为基准加减 5～15 kg/m³，计算出四个以上的试验配比。

③ 依实验室砂浆拌和试验方法，分别测出试验配比的砂浆坍流度。

五、试验结果分析

（1）将上述两个阶段的试验结果依其用水量及坍流度，通过回归分析，分别求出基准组及对照组的回归方程式。

（2）以相同的坍流度（依据欲达成的出货坍落度所对应的坍流度，一般在 65～75 cm×cm）分别代入上述两回归方程式求出用水量 W_0（未加外加剂）、W_A（加外加剂）。

六、计算公式

$$外加剂减水率＝\frac{W_0−W_A}{W_0}×100\%$$ (3-1)

式中　W_0——在某一坍流度下，不加外加剂的砂浆用水量，kg/m³；

　　　W_A——在某一坍流度下，加外加剂的砂浆用水量，kg/m³。

七、试验实例

以三合一配比[C＋S(50%)＋F(8%)]，总胶凝量为 300 kg/m³，计算出的配比见表 3-2。假设 A、B 剂的减水率皆为 10%，故第二阶段初使用的水量为 200×(1−0.1)＝180 kg/m³。

试验砂浆的坍流度结果列于表 3-2。

表 3-2　外加剂减水率试验数值

项　目	粗砂/g	细砂/g	水泥/g	矿渣粉/g	粉煤灰/g	水/g	外加剂/g	坍流度/(cm×cm)
	657.4	86.3	117.7	117.7	64.7	220	0	72.03
	679.8	89.2	116.6	116.6	66.9	210	0	55.04
基准组	702.1	92.1	115.5	115.5	69.1	200	0	42.00
	724.5	95.1	114.4	114.4	71.3	190	0	26.97
	746.9	98.0	113.3	113.3	73.5	180	0	18.00

项　目	粗砂/g	细砂/g	水泥/g	矿渣粉/g	粉煤灰/g	水/g	外加剂/g	坍流度/(cm×cm)
A 剂	720.1	94.5	114.6	114.6	70.8	190	2.4	91.30
	742.5	97.4	113.5	113.5	73.0	180	2.4	65.00
	735.6	98.9	112.9	112.9	74.1	175	2.4	58.80
	764.8	100.3	112.4	112.4	75.2	170	2.4	44.10
B 剂	719.0	94.3	114.6	114.6	70.7	190	3.0	71.00
	730.2	95.8	114.1	114.1	71.8	185	3.0	65.28
	741.4	97.3	113.5	113.5	72.9	180	3.0	57.50
	752.5	98.7	113.0	113.0	74.0	175	3.0	46.87

（1）由表 3-2 可以看出，以用水量为自变量、坍流度为应变量作图，可以得出相关的回归方程式。

① 基准组（不加外加剂）：坍流度＝1.361 3×用水量－229.452。

② 对照组（加 A 剂）：坍流度＝2.294 9×用水量－345.406。

③ 对照组（加 B 剂）：坍流度＝1.603 4×用水量－232.458。

（2）以坍流度 65 cm×cm（与额定混凝土坍落度相同的砂浆坍流度）为标准，分别代入上述回归方程式，可计算出需水量。

① 基准组：216.3 kg/m³。

② A 剂组：178.8 kg/m³。

③ B 剂组：185.5 kg/m³。

（3）将上述用水量分别代入式（3-1），即可求出 A、B 两种混凝土外加剂的减水率：

① A 种混凝土外加剂的减水率：$\dfrac{216.3-178.8}{216.3}\times100\%=17.3\%$。

② B 种混凝土外加剂的减水率：$\dfrac{216.3-185.5}{216.3}\times100\%=14.2\%$。

第三节　外加剂的初、终凝试验

一、目的

（1）依现场使用的混凝土原材料，以砂浆试验的试体标定该外加剂加入与否的初、终凝时间。

（2）试验结果作为该批外加剂进料的验收依据。

（3）了解混凝土加入外加剂后，温度对混凝土初、终凝时间的影响，以作为该外加剂使用的依据，尤其是对环境温度较低或运输时间较长的混凝土生产。

二、使用工具、设备

(1) 电子秤。

(2) 砂浆搅拌机。

(3) 维卡仪(Vicat Apparatus),见图 3-5。

(4) 高度 5 cm 以下、直径 5 cm 以内的试体模两个以上。

(5) 小汤匙、刮刀。

(6) 直尺。

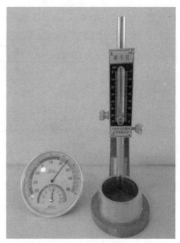

三、使用材料

砂样可用标准砂或厂内原料砂,其余水泥、矿渣粉、粉煤灰及水皆为厂内使用的原料。

图 3-5　维卡仪

四、试验步骤

(1) 从生产线取出足量的试验用砂样本,并依相关标准测出其含水率。

(2) 确定试验的胶凝材料组态及试验点的选择。

① 胶凝材料组态:依该外加剂所使用配比的胶凝组态确定。

② 试验点的选择:以欲标定的配比或以生产用的中间配比作为试验配比(例如,以总胶凝材料 300 kg/m³ 为选定对象)。

(3) 将试验划分为两个阶段执行。

① 第一阶段:基准组,将上述选定的配比不加外加剂做试验。

② 第二阶段:对照组,将上述选定的配比加外加剂做试验。

(4) 基准组试验。

① 基准组试验配比的用水量定为 200 kg/m³,由此计算出试验配比。

② 依实验室砂浆拌和试验方法,测量拌和好的砂浆坍流度,并制作两个以上试体,注意应将试体表面充分抹平。

③ 如图 3-6 所示,测量试体(含模具)底面至试体表面的高度,以此高度(h)设定维卡仪的零点(将试体模的顶面或底面设定为针入度的零点)。

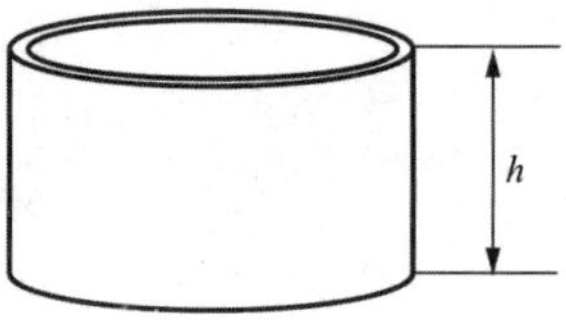

④ 试体制作完成,马上记录当时的温度及时间。

⑤ 之后,每半小时做一次维卡仪的掉落冲击试验,记录测量值及当时的干、湿球温度。

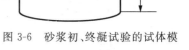

图 3-6　砂浆初、终凝试验的试体模

⑥ 试样出现初凝后,需在同一试体上用维卡针测试凝结情况。

(5) 对照组试验。

① 以基准组试验配比用水量,配合该外加剂的减水率,推算出对照组用水量,使两次试验的坍流度相同。

② 依实验室砂浆拌和试验方法,测量拌和好的砂浆坍流度,并制作两个以上的试体,注意应将试体表面充分抹平。

③ 设定维卡仪的零点。

④ 试体制作完成,马上记录当时的温度及时间。

⑤ 之后,每半小时做一次维卡仪的掉落冲击试验,记录测量值及当时的干、湿球温度。

⑥ 试样出现初凝后,需在同一试体上用维卡针测试凝结情况。

五、试验结果分析

(1)将上述两个阶段的试验结果整理于表3-3,并绘制图3-7和图3-8。

表3-3 砂浆初、终凝试验数值

时间 (时:分)	干球 /℃	湿球 /℃	未加外加剂 的针入度 /mm	加外加剂 的针入度 /mm	时间 (时:分)	干球 /℃	湿球 /℃	未加外加剂 的针入度 /mm	加外加剂 的针入度 /mm
08:04	25.5	20.5	0	0	16:34	31.0	23.0	35.0	34.5
08:34	26.0	21.0	0	0	17:04	27.0	21.0	35.0	35.0
09:04	28.0	23.0	0	0	17:34	27.5	22.0	35.0	35.5
09:34	27.0	22.0	0	0	18:04	28.0	24.0	36.0	36.0
10:04	27.5	22.0	0	0	18:34	28.0	24.0	36.0	36.0
10:34	27.0	22.0	0	0	19:04	28.0	24.0	36.0	36.0
11:04	27.0	22.0	0	0	19:34	29.0	24.5	36.0	36.0
11:34	30.0	24.5	0	0	20:04	29.5	24.0	36.5	36.5
12:04	30.0	23.0	0	0	20:34	29.5	24.0	36.0	36.5
12:34	32.0	24.0	1.5	0	21:04	29.5	24.0	36.5	36.5
13:04	34.0	25.0	28.0	0	21:34	29.5	24.0	36.5	36.5
13:34	35.0	25.5	29.0	9.0	22:04	29.5	24.0	36.5	36.5
14:04	41.0	28.0	32.0	24.5	22:34	29.5	24.0	36.5	36.5
14:34	40.0	27.0	33.0	28.5	23:04	29.5	24.0	37.0	37.0
15:04	40.0	27.0	34.0	31.5	23:34	29.5	24.0	37.0	37.0
15:34	36.0	25.0	34.0	33.5	00:04	29.5	24.0	42.0	42.0
16:04	33.0	23.0	34.0	34.0	00:34	29.5	24.0	42.0	42.0

注:维卡针落到底时,指针刻度为0。

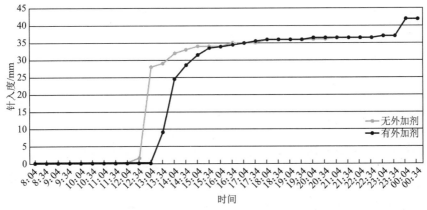

图3-7 砂浆加外加剂与未加外加剂时的初、终凝试验比较

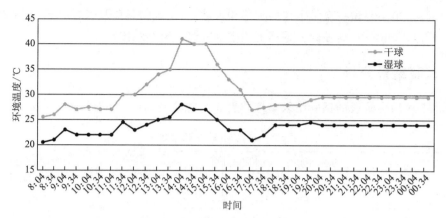

图 3-8　试验期间的干、湿球温度

（2）由图 3-7 及图 3-8 的比较分析可知：

① 该外加剂的缓凝时间约为 1 h（由表 3-3 的针入度值可知：未加外加剂时，初凝发生在 12：34；加外加剂时，初凝发生在 13：34）。

② 该外加剂对终凝时间并无影响（两者的终凝时间都发生在 00：04）。

③ 未加外加剂时，混凝土的硬化速度较快。

第四节　外加剂的性能试验

一、目的

（1）外加剂减水率试验只针对某一特定胶凝材料的总量进行，事实上，混凝土生产厂所使用的配比面对的状况要复杂得多，依强度的高低分布总胶凝材料的使用范围为 200～500 kg/m³。为了每一组配比都能使用正确的外加剂掺加比例，就需要对其工作性进行试验，找出各种水胶比的混凝土外加剂的最佳使用量。

（2）该试验能让混凝土的生产配比发挥最有效的外加剂使用率，从而提高经济效益。

（3）针对所使用的外加剂，开发出一种在混凝土预拌厂内可检验的方法（在众多相关变量之下选定某一代表水平的检验）。

二、范围

（1）木质素磺酸盐类＋萘磺酸盐类，包括 A 型、D 型、F 型、G 型等。

（2）典型的聚羧酸分子聚合物。

三、定义

1. 正确点（Right Point，RP）

做混凝土或砂浆的坍落度及坍流度试验时，随着用水量的加大，其坍形的变化会有图 3-9 所示的展开。

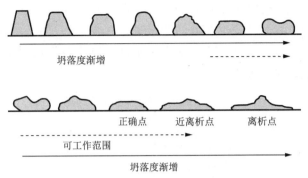

图 3-9　混凝土坍形变化

图 3-9 虚线范围内的坍形一般可满足混凝土坍落度的使用要求。边界点不明显、无浆水泌出且无坍头发生的坍形称为坍形正确点（图 3-10），这也是高坍落度混凝土所要求的人坍形。

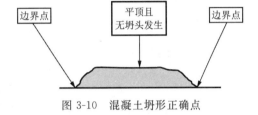

图 3-10　混凝土坍形正确点

2. 流动（Flowing）

流动是指外加剂特性展开，砂浆坍形越过正确点（RP）但未达近离析点时。

3. 近离析点（Segregation Limit, SL）

近离析点是指外加剂用量增大，使砂浆坍形越过流动点，而坍形中间有微量坍头出现时的点。

4. 离析点（Segregation, Seg）

离析点是指外加剂用量增大，使砂浆坍形越过近离析点，坍形中央有明显坍头出现时的点，如图 3-11 所示。

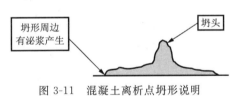

图 3-11　混凝土离析点坍形说明

5. 坍流度

依实验室混凝土或砂浆拌和试验计算得出的坍形塌下高度（h）与扩展度（d）的乘积（即坍流度），如图 3-12 所示。

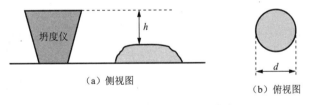

（a）侧视图　　　　　　　　　（b）俯视图

图 3-12　混凝土坍流度的测量

四、试验步骤

（1）先将试验用砂充分均匀混合，使颗粒及水分皆均匀分布，再依粗、细骨料筛分析试验方法做试验，用于砂筛分析。

（2）所使用的细骨料综合 μ_f 值须调整在 2.5～2.7 范围内。

（3）将胶凝材料用量分成 $200\ kg/m^3$、$250\ kg/m^3$、$300\ kg/m^3$、$350\ kg/m^3$、$400\ kg/m^3$ 五个水平，而外加剂用量以 $0\%\sim2\%$ 分成五个以上水平。

（4）用水量的确定原则：以目标值坍落度用水量乘以该型外加剂减水率后得到用水量。例如：某外加剂的额定减水率为 12%，则有

$$用水量=目标值坍落度用水量\times\frac{100-12}{100} \tag{3-2}$$

（5）分别将以上相关条件代入相关配比的计算式，即可推算出所要的标准配比。

（6）根据算出的配比对所有材料进行称量。

（7）根据实验室砂浆拌和试验做坍流度试验，并记录每次试验的测试值及其坍形的出现状态（可用照相的方式做每次坍形记录）。

（8）根据测试结果、胶凝量及外加剂使用率，对工作性作出外加剂性能测试图，并于图上标出正确点、近离析点、离析点。

五、结果分析

（1）依胶凝量及外加剂的使用量对坍流度作出外加剂性能测试图。

（2）在每种胶凝量下找出正确点和离析点，据此了解流动点到近离析点的外加剂使用比例。

（3）从性能测试图中可找出在某种胶凝材料下最有效、最经济的外加剂使用量。

（4）展开一套对此外加剂的检验方法。

① 将某种胶凝量作为目标，此胶凝量下的曲线变化须有正确点到离析点的变化。

② 以其未加外加剂的坍流度点（基准组）配比条件做增加用水量的试验，直至正确点出现为止（即坍流度和使用外加剂时的相同）。

③ 比较两个坍流度点的用水量差异即可推算出该外加剂的减水率。

六、试验结果

1. 木质素磺酸盐类及萘磺酸盐类外加剂

木质素磺酸盐类及萘磺酸盐类外加剂的试验结果列于表 3-4。

表 3-4 木质素磺酸盐类及萘磺酸盐类外加剂试验数值

总胶凝量 /(kg·m⁻³)	粗砂 /(kg·m⁻³)	细砂 /(kg·m⁻³)	水泥 /(kg·m⁻³)	矿渣粉 /(kg·m⁻³)	粉煤灰 /(kg·m⁻³)	水 /(kg·m⁻³)	外加剂量 /(kg·m⁻³)	外加剂含量 /%	坍流度/(cm×cm)	
									木质素磺酸盐类	萘磺酸盐类
200	402.8	481.4	71.8	71.8	56.4	178.3	0.0	0.0	37.05	37.05
	402.1	480.6	71.9	71.8	56.3	178.1	0.8	0.4	43.06	45.00
	401.4	479.7	71.9	71.9	56.2	177.9	1.6	0.8	58.30	66.50
	400.7	478.8	72.0	71.9	56.1	177.8	2.4	1.2	66.20	83.60
	399.9	478.0	72.0	72.0	56.0	177.6	3.2	1.6	60.20	109.00
	399.2	477.1	72.1	72.0	55.9	177.4	4.0	2.0	73.44	108.40

续表 3-4

总胶凝量/(kg·m⁻³)	粗砂/(kg·m⁻³)	细砂/(kg·m⁻³)	水泥/(kg·m⁻³)	矿渣粉/(kg·m⁻³)	粉煤灰/(kg·m⁻³)	水/(kg·m⁻³)	外加剂量/(kg·m⁻³)	外加剂含量/%	坍流度/(cm×cm)	
									木质素磺酸盐类	萘磺酸盐类
250	378.8	452.7	98.5	98.4	53.1	178.7	0.0	0.0	26.80	26.80
	377.8	451.5	98.6	98.5	52.9	178.5	1.0	0.4	52.40	53.70
	376.9	450.5	98.6	98.6	52.8	178.3	2.0	0.8	66.00	81.80
	376.1	449.4	98.7	98.6	52.7	178.1	3.0	1.2	83.40	96.30
	375.2	448.4	98.7	98.7	52.6	177.9	4.0	1.6	84.80	135.70
	374.2	447.3	98.8	98.8	52.4	177.7	5.0	2.0	89.10	149.00
300	356.4	425.9	125.1	125.0	49.9	179.6	0.0	0.0	25.10	25.10
	355.3	424.6	125.1	125.1	49.8	179.3	1.2	0.4	43.70	45.90
	354.2	423.3	125.2	125.2	49.6	179.1	2.4	0.8	55.60	65.80
	353.2	422.1	125.3	125.2	49.5	178.8	3.6	1.2	72.70	94.60
	352.1	420.8	125.4	125.3	49.3	178.6	4.8	1.6	85.70	123.00
	351.0	419.5	125.4	125.4	49.2	178.3	6.0	2.0	83.70	160.70
350	335.7	401.2	151.5	151.5	47.0	180.8	0.0	0.0	21.80	21.80
	334.5	399.8	151.6	151.5	46.9	180.5	1.4	0.4	33.80	40.70
	333.2	398.3	151.7	151.6	46.7	180.2	2.8	0.8	46.50	61.20
	332.0	396.7	151.8	151.7	46.5	179.9	4.2	1.2	63.30	79.60
	330.7	395.2	151.9	151.8	46.3	179.7	5.6	1.6	66.15	156.15
	329.5	393.8	151.9	151.9	46.2	179.4	7.0	2.0	71.69	168.90
400	311.7	372.5	178.2	178.1	43.7	181.3	0.0	0.0	17.36	17.36
	310.2	370.8	178.3	178.2	43.5	180.9	1.6	0.4	29.60	32.94
	308.8	369.0	178.4	178.3	43.3	180.6	3.2	0.8	40.00	51.78
	307.4	367.3	178.5	178.4	43.1	180.3	4.8	1.2	51.33	80.00
	305.9	365.6	178.6	178.5	42.9	179.9	6.4	1.6	61.00	168.40
	304.5	363.9	178.7	178.6	42.7	179.6	8.0	2.0	71.57	175.74

由表 3-4 的数据,以试验结果的坍流度(工作性)为应变量,外加剂使用量为自变量,分别作木质素磺酸盐类及萘磺酸盐类外加剂对混凝土工作性的影响曲线(图 3-13 和图3-14)。

2.羧酸分子聚合物外加剂

使用固含量约 20%的羧酸分子聚合物外加剂试验所得结果见表 3-5。

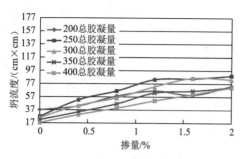

图 3-13 木质素磺酸盐类外加剂用量
对混凝土工作性的影响

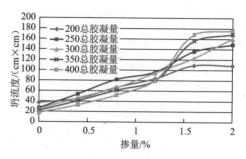

图 3-14 萘磺酸盐类外加剂用量
对混凝土工作性的影响

表 3-5 羧酸系列外加剂试验数值

总胶凝量 /(kg·m⁻³)	粗砂量 /(kg·m⁻³)	细砂量 /(kg·m⁻³)	用水量 /(kg·m⁻³)	外加剂量 /(kg·m⁻³)	外加剂含量 /%	坍流度 /(cm×cm)
200	556.1	509.1	96.4	0.0	0.0	3.4
	555.1	508.3	96.6	0.8	0.4	8.2
	554.3	507.4	96.6	1.6	0.8	8.2
	553.4	506.7	96.6	2.4	1.2	21.6
	552.5	505.8	96.7	3.2	1.6	31.7
	551.5	505.0	96.8	4.0	2.0	34.6
250	528.7	484.0	105.1	0.0	0.0	7.1
	527.5	483.0	105.2	1.0	0.4	9.0
	526.4	481.9	105.4	2.0	0.8	16.9
	525.3	480.9	105.4	3.0	1.2	41.6
	524.1	480.0	105.5	4.0	1.6	64.3
	523.1	478.9	105.5	5.0	2.0	80.6
300	499.1	457.0	113.9	0.0	0.0	7.0
	497.8	455.7	114.1	1.2	0.4	7.3
	496.4	454.6	114.2	2.4	0.8	33.0
	495.1	453.3	114.3	3.6	1.2	81.6
	493.8	452.1	114.4	4.8	1.6	105.6
	492.4	450.8	114.6	6.0	2.0	124.8
350	471.7	431.9	122.6	0.0	0.0	8.9
	470.2	430.5	122.8	1.4	0.4	12.2
	468.6	429.0	122.9	2.8	0.8	37.6
	467.1	427.6	122.9	4.2	1.2	104.9
	465.5	426.2	123.1	5.6	1.6	119.4
	464.0	424.8	123.2	7.0	2.0	156.2

续表 3-5

总胶凝量 /(kg·m⁻³)	粗砂量 /(kg·m⁻³)	细砂量 /(kg·m⁻³)	用水量 /(kg·m⁻³)	外加剂量 /(kg·m⁻³)	外加剂含量 /%	坍流度 /(cm×cm)
	442.2	404.9	131.5	0.0	0.0	9.0
	440.4	403.3	131.6	1.6	0.4	15.6
400	438.6	401.6	131.8	3.2	0.8	91.8
	436.8	400.0	132.0	4.8	1.2	136.7
	435.0	398.3	132.2	6.4	1.6	148.8
	433.3	396.7	132.2	8.0	2.0	145.7
	412.7	377.8	140.3	0.0	0.0	10.1
	410.7	376.1	140.4	1.8	0.4	14.9
450	408.7	374.2	140.6	3.6	0.8	71.9
	406.7	372.3	140.8	5.4	1.2	143.4
	404.7	370.5	141.0	7.2	1.6	141.4
	402.6	363.6	141.3	9.0	2.0	155.0

由表 3-5 的数据,以试验结果的坍流度(工作性)为应变量,外加剂使用量为自变量,作出羧酸分子聚合物外加剂对混凝土工作性的影响曲线,如图 3-15 所示。由图 3-15(a)可查出在各种胶凝材料使用量下的外加剂用量对混凝土坍流度的影响。但从混凝土生产厂配比运用的方便性来看,有必要将其自变量改用总胶凝量(kg/m³)表示法,如此,只需查出配比的总胶凝量即可找出对应的外加剂使用率(%)了。由表 3-5 的数据,以试验结果的坍流度(工作性)为应变量,配比的总胶凝量(kg/m³)为自变量,作羧酸分子聚合物外加剂对混凝土工作性的影响曲线,如图 3-15(b)所示。

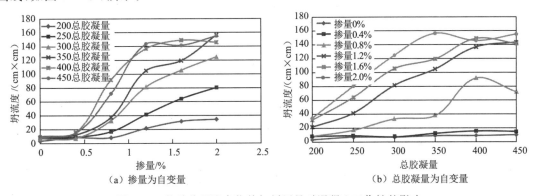

图 3-15 羧酸分子聚合物外加剂用量对混凝土工作性的影响

例如:有一胶凝材料总量为 325 kg/m³ 的混凝土配比,该配比设计的砂浆坍流度为 100 cm×cm,依此条件查图 3-15(b)可得此外加剂的使用量为 1.4% 左右。

第五节　外加剂性能解析

外加剂的性能随着所使用骨料和胶凝材料的不同而不同,所以生产单位必须依其本土材料对外加剂做第四节所讲的性能试验,并对所有生产配比的外加剂添加率进行分析。图 3-13、图 3-14 及图 3-15 三种不同种类外加剂的性能曲线为目前混凝土生产普遍使用的类型,从三幅图中都可观察到在高胶凝量($>$350 kg/m^3)时坍流度会有一个临界点,超过临界点再增加外加剂添加率(Dosage),坍流度也不再有效增加。这个临界点就是所有配比的外加剂添加率基准点,依此基准点,即可建立所有生产配比的外加剂添加率准则:在基准点以上的总胶凝量,以临界点添加率为准;在基准点以下的总胶凝量,以大于临界点添加率为准。

当然,如果要清楚在某种添加率下所有总胶凝量的坍流度流变,则可将试验值作成如图 3-15(b)的坐标转换图形,就可以了解各总胶凝量的最佳添加率了。

第四章

高性能混凝土用水量

第一节　混凝土的单位用水量

一、配比单位用水量对混凝土质量的影响

混凝土的单位用水量是影响混凝土质量的重要因素。从强度的观点来看,混凝土的强度与水胶比(W/B)成反比,即在一定量的胶凝材料之下,单位用水量越少则水胶比越小,混凝土的强度越高。再从新拌混凝土的工作性来看,过少的用水量会使新拌混凝土成为"硬混凝土",从而失去应有的工作性;过多的用水量会使新拌混凝土坍落度过大,产生离析、溃散、沉陷等不良现象,进而产生浮灰、起砂、龟裂、泌水等不良现象。所以,混凝土的单位用水量不仅是强度发展的主因,也是新拌混凝土工作性的重要指标。

在同样的组成条件下,用水量的多少是新拌混凝土"软"或"硬"的唯一指标,在混凝土的生产过程中,"软"或"硬"只能依坍落度试验所测得的坍落度判断,并作为工作性数据化的判断标准。同样的配比因原材料的变化及生产的变动,要维持混凝土成品的坍落度稳定都不太容易,更遑论配比组成变化时成品坍落度的控制。

二、配比单位用水量的确定

在确定配比单位用水量之前,必须先确定新拌混凝土需要的坍落度(工作性),一般以15~18 cm 的软质混凝土为设定目标。因为各地区所能取得的原材料有所不同,所以,在不同区域生产的混凝土会有不同的用水量,最好是通过试验的方式获得其单位用水量,这种"本土化"所取得的数据才是最符合实际的。

取最常使用的原材料作为试验用样本,以总胶凝量及用水量为二元配置试验因子(因子水平数至少取三个以上),分别计算试验配比,并依砂浆拌和试验标准测试出相关的砂浆坍流度,分析每种总胶凝量下的单位用水量。在未加外加剂的情况下,对 A、B 两混凝土生产厂的原材料做各种总胶凝量及用水量的砂浆坍流度二元配置试验,结果见表 4-1。

表 4-1　砂浆坍流度试验结果

| A厂砂浆用水量试验 | | | | | B厂砂浆用水量试验 | | | | |
总胶凝量/(kg·m⁻³)	用水量/(kg·m⁻³)	坍落度/cm	扩展度/cm	坍流度/(cm×cm)	总胶凝量/(kg·m⁻³)	用水量/(kg·m⁻³)	坍落度/cm	扩展度/cm	坍流度/(cm×cm)
200	200	4.3	11.8	50.74	250	160	3.8	11.2	42.56
	210	4.5	12.9	58.05		170	4.3	13.5	58.05
	220	4.6	13.7	63.02		180	4.4	15.0	66.00
	230	4.3	15.1	64.93		190	4.9	15.2	74.48
	240	4.7	16.8	78.96	350	160	4.3	10.4	44.72
300	200	4.4	10.8	47.52		170	4.7	12.5	58.75
	210	4.6	11.7	53.82		180	4.8	14.1	67.68
	220	4.6	13.7	63.02		190	5.3	15.4	81.62
	230	5.0	14.5	72.50	450	190	4.6	12.5	57.50
	240	5.0	15.2	76.00		200	5.0	14.4	72.00
400	220	4.5	11.7	52.65		210	5.1	15.8	80.58
	230	4.7	12.7	59.69		220	5.3	16.8	89.04
	240	4.9	14.6	71.54	500	210	4.6	13.2	60.72
	250	4.9	15.4	75.46		220	4.6	14.6	67.16
500	230	4.2	11.3	47.46		230	5.3	16.4	86.92
	240	4.5	11.8	53.10		240	5.4	17.1	92.34
	250	4.9	13.4	65.66					
	260	5.0	14.1	70.50					

利用表 4-1 的试验结果作出比较图 4-1。

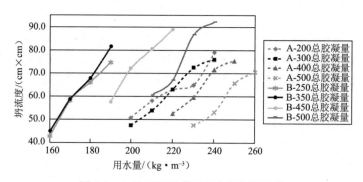

图 4-1　A、B 两厂砂浆的用水量与坍流度

根据图 4-1 可求出各线条的回归方程式,由这些回归方程式可推算出额定坍流度之下各种总胶凝量对应的用水量,也可以通过比较看出因原材料的不同,导致两厂用水量差异非常大。依此试验可知,细骨料本身的质量特性对混凝土的单位用水量有明显影响,而骨料影响混凝土单位用水量的质量特性有很多种,下面就对其主要的影响因素加以讨论。

第二节　骨料对混凝土单位用水量的影响

一、骨料材质及粒形

骨料占混凝土组成的 75%～80%，所以其矿物特性（组成成分、结晶构造、颗粒形状及细度等）直接影响混凝土的性能。目前是天然细骨料短缺，机制砂广泛使用的时候，了解细骨料对混凝土性能的影响，已经成为混凝土生产者的首要任务。

从骨料方面来看，外加剂的适应性主要与骨料的岩质有关，一般可分为碳酸钙矿物及硅铝酸盐矿物两大类：前者的主要化学成分为碳酸钙，微观呈岛状结构；后者的主要化学成分为硅铝酸盐类，微观呈层状结构。按岩石分类的归属则分为：

（1）碳酸钙系矿物，包括大理石、方解石、石灰岩、白垩、白云石、文石。

（2）硅铝酸盐系矿物，包括长石、石英、白云母、水晶、花岗岩、辉长岩、安山岩、玄武岩。

骨料的吸水率与其矿物组成有关，碳酸钙系矿物具有一定的憎水性，由其组成的混凝土需水量较少，而硅铝酸盐系矿物具有较大的亲水性，由其组成的混凝土需水量较大，这可能是因为两者的微细结构不同所致。

骨料的特性与混凝土生产地有关，故对骨料特性并无选择权，但可针对所用骨料的特性，选择不同性能的外加剂予以克服。相同的材质，生产方法不同，结果也会有明显的差异。河砂等天然砂产量有限，所以近年来机制砂被大量采用。生产的机制砂不但含有相当多的石粉，而且粒径分布不佳、颗粒形状不规则。单用机制砂的混凝土用水量偏高，容易泌水，强度也较不稳定，所以一般采用天然砂与机制砂混用来避免机制砂单用的缺点。

二、骨料中的粉料

骨料中粒径小于 0.075 mm 的粒料称为骨料中的粉料，这也是混凝土中骨料与胶凝材料的分界点，又可分为泥粉（Dust）和石粉（Clay），这些粉体含量对混凝土的质量有重要影响。过高的粉体含量会使混凝土的单位用水量急剧增加，很容易产生龟裂；过低的粉体含量会使混凝土失去稠性，很容易产生过度泌水，影响工作性，造成混凝土浮灰、水痕、起砂等不良现象。一般泥粉含量不大于 5%，石粉含量不大于 10% 是可以接受的。石粉主要来源于机制砂，泥粉主要来源于天然砂，所以泥粉和石粉对混凝土的作用有相同点也有不同点，下面分别讲解。

泥粉本身是松散结构的颗粒集合，其强度较低，但是泥粉颗粒的惰性填充作用可以改善混凝土的工作性，也因其较密实的填充能增加混凝土的强度；过多的泥粉会大量吸附拌和水及外加剂，从而降低混凝土的工作性，增加水胶比，降低混凝土的强度。

石粉的成分与母岩一致，颗粒较密实，硬度较高，吸水率低，对混凝土也有良好的填充密实作用，同时，在凝结阶段，细微的石粉可起到"晶核"作用，诱导水泥的水化，促进水泥早期强度的发展，所以适当的石粉含量不仅可以改善混凝土的工作性，还对混凝土的强度有所帮助。然而，过高含量的石粉增加了骨料的总表面积，因此增加了用水量，提高了水胶比，降低了混凝土的强度。

三、骨料含泥粉量对新拌混凝土坍落度的影响

1.试验构想

在不同来源的细骨料中加入定量的泥粉,再分别做其粒度筛分析试验,并将调配好的细骨料以总胶凝量 350 kg/m³ 作砂浆试拌并测量坍流度,借以鉴别含泥量对混凝土坍落度的影响。

2.试验数据

不同来源砂的含泥量试验结果列于表 4-2。

表 4-2　不同来源砂的含泥量试验结果(单位:g)

编　号		1	2	3	4	5
砂 状 况		砂 1	3 kg 砂 1 ＋300 g 泥	砂 1(筛除 4.75 mm 颗粒)	3 kg 砂 1(筛除 4.75 mm 颗粒) ＋300 g 泥	3 kg 砂 1(筛除 4.75 mm 颗粒) ＋500 g 泥
筛 号	4.75 mm	39.0	38.0	1.0	0.8	1.4
	2.36 mm	230.8	214.0	189.1	164.1	162.5
	1.18 mm	369.3	335.7	349.7	313.2	304.3
	0.6 mm	474.0	429.3	465.8	425.3	407.4
	0.3 mm	554.6	501.3	550.3	505.7	481.7
	0.15 mm	605.0	548.6	602.9	556.0	528.3
	0.075 mm	631.2	562.7	622.0	575.3	546.8
	底 盘	635.0	639.7	634.7	639.4	640.8
筛分析结果	μ_f 值	3.6	3.2	3.4	3.1	2.9
	含泥量/%	0.6	11.3	2.0	10.0	14.7
	0.3 mm 过筛	12.66	21.64	13.3	20.91	24.83
	湿 重	700.0	700.0	700.0	700.0	700.0
	干 重	636.2	640.2	635.0	639.2	640.5
砂浆坍流度 /(cm×cm)	初坍 1	81.09	28.50	93.42	31.31	0.00
	初坍 2	126.60	35.00	122.38	38.38	0.00

编　号		6	7	8	9	10	11
砂 状 况		砂 2	3 kg 砂 2 ＋30 g 泥	3 kg 砂 2 ＋60 g 泥	砂 2(筛除 4.75 mm 颗粒)	3 kg 砂 2(筛除 4.75 mm 颗粒) ＋120 g 泥	砂 3
筛 号	4.75 mm	7.2	9.2	11.6	0.5	0.4	12.5
	2.36 mm	163.0	173.5	171.0	155.2	149.8	79.5
	1.18 mm	284.0	292.6	285.3	285.9	278.4	153.0
	0.6 mm	377.3	384.7	375.2	381.0	372.6	233.4
	0.3 mm	484.4	491.1	479.8	488.5	472.0	356.7
	0.15 mm	584.1	585.4	576.7	587.8	570.2	486.2

续表 4-2

编　号		6	7	8	9	10	11
砂状况		砂2	3 kg砂2+30 g泥	3 kg砂2+60 g泥	砂2(筛除4.75 mm颗粒)	3 kg砂2(筛除4.75 mm颗粒)+120 g泥	砂3
筛　号	0.075 mm	628.2	626.9	620.2	631.6	614.1	527.2
	底　盘	647.1	649.1	648.0	650.6	652.7	534.6
筛分析结果	μf值	2.936	2.983	2.931	2.919	2.824	2.472
	含泥量/%	2.92	3.42	4.29	2.92	5.91	1.38
	0.3 mm过筛	25.14	24.34	25.96	24.92	27.69	33.28
	湿重	700.0	700.1	699.9	703.4	702.0	550.0
	干重	647.1	649.6	648.2	650.6	652.7	534.6
砂浆坍流度/(cm×cm)	初坍1	70.50	64.19	54.45	73.44	38.00	88.56
	初坍2	113.68	97.44	68.60	102.48	45.36	115.71
编　号		12	13	14	15	16	17
砂状况		3 kg砂3+60 g泥	3 kg砂3+90 g泥	50%砂2+50%砂3	砂2+砂3	砂2+3 kg砂3+90 g泥	砂2+3 kg砂3+140 g泥
筛　号	4.75 mm	21.8	23.4	14.4	8.1	7.5	11.4
	2.36 mm	117.9	126.9	135.9	108.3	102.3	110.6
	1.18 mm	215.7	218.8	252.7	201.9	191.6	199.5
	0.6 mm	312.9	313.1	358.1	282.3	272.0	275.4
	0.3 mm	461.9	461.8	491.6	389.0	380.5	377.4
	0.15 mm	616.5	615.6	619.6	485.7	480.7	473.7
	0.075 mm	666.6	662.9	663.3	515.0	511.4	504.2
	底　盘	683.0	681.8	675.5	525.8	527.5	526.9
筛分析结果	μf值	2.557	2.581	2.772	2.806	2.72	2.748
	含泥量/%	2.40	2.77	1.81	2.05	3.05	4.31
	0.3 mm过筛	32.37	32.27	27.22	26.02	27.87	28.37
	湿重	704.7	702.3	706.5	550.0	550.2	550.0
	干重	683.0	681.8	676.0	525.7	527.8	526.5
砂浆坍流度/(cm×cm)	初坍1	54.74	41.00	89.10	66.50	52.89	49.72
	初坍2	70.95	49.45	116.58	80.07	62.10	59.34

3.试验结果分析

依表 4-2 的试验结果作分析图 4-2。

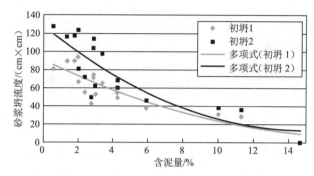

图 4-2　细骨料含泥量与砂浆坍流度关系图

砂浆试验时,做前、后两次砂浆的坍流度试验,分别记录为初坍 1 及初坍 2,则由图 4-2 可知:该试验使用保坍型外加剂时,初坍 2 都大于初坍 1,相关系数见表 4-3。

表 4-3　相关系数表

项　　目	含泥量	坍流度
含泥量	1	
坍流度	−0.851 89	1

由表 4-3 可知,含泥量与坍流度的相关系数为−0.851 89,两者具有高度的负相关:

(1) 无论是初坍 1 或初坍 2,砂浆坍流度都随着含泥量的增加而降低。

(2) 骨料通过 75 μm 筛网的泥粉量对混凝土的质量(用水量)有重大影响。

4. 骨料中泥粉和石粉的区别

过 75 μm 筛网的颗粒含有憎水性的石粉及亲水性的纯泥粉。天然砂中含泥较多,机制砂中含石粉较多,一般混凝土用骨料既含泥粉又含石粉。在实际生产中,可能会同时使用天然砂和机制砂,或完全使用机制砂。通过骨料筛分析试验很容易测出其过 75 μm 筛网的颗粒比率,虽然无法定量标定出泥粉和石粉的比率,但是含泥量的多少可根据 JGJ 52—2006《普通混凝土用砂、石质量及检验方法标准》中的人工砂及混合砂中石粉含量试验(亚甲蓝法)定性判断。

(1) 亚甲蓝试验方法。

本方法适用于测定人工砂和混合砂中的石粉含量。

① 石粉含量试验(亚甲蓝法)使用的仪器设备。

a. 烘箱:温度控制范围为(105±5)℃。

b. 天平:称量范围 0~1 000 g,感量 1 g;称量范围 0~100 g,感量 0.01 g。

c. 试验筛:筛孔公称直径为 80 μm 及 1.25 mm 的方孔筛各一只。

d. 容器:要求淘洗试样时,保持试样不溅出(深度大于 250 mm)。

e. 移液管:5 mL,2 mL 各一支。

f. 三片或四片式叶轮搅拌器:转速可调,最高转速可达(600±60)r/min,直径(75±10)mm。

g. 定时装置:精度 1 s。

h. 玻璃容量瓶:容量 1 L。

i.温度计：精度 1 ℃。

j.玻璃棒：2 支，直径 8 mm，长 300 mm。

k.滤纸：快速滤纸。

l.搪瓷盘、毛刷、容量 1 000 mL 的烧杯等。

② 溶液的配制及试样制备。

a.亚甲蓝溶液的配制方法。

将亚甲蓝($C_{16}H_{18}ClN_3S \cdot 3H_2O$)粉末在($105\pm5$)℃下烘干至恒重，称取烘干的亚甲蓝粉末 10 g，精确至 0.01 g，倒入盛有约 600 mL 蒸馏水（水温加热至 35～40 ℃）的烧杯中，用玻璃棒持续搅拌 40 min，直至亚甲蓝粉末完全溶解，冷却至 20 ℃。将溶液倒入 1 L 容量瓶中，用蒸馏水淋洗烧杯等，使所有亚甲蓝溶液全部移入容量瓶，容量瓶和溶液的温度应保持在（20±1）℃，加蒸馏水至容量瓶的 1 L 刻度，振荡容量瓶使亚甲蓝粉末完全溶解。将容量瓶中的溶液移入深色储藏瓶中，标明制备日期、失效日期（亚甲蓝溶液的保质期不应超过 28 d），并置于阴暗处保存。

b.将样品缩分至 400 g，放在烘箱中于（105±5）℃下烘干至恒重，待冷却至室温后，筛除公称直径大于 5.0 mm 的颗粒备用。

③ 测定人工砂及混合砂中的石粉含量。

a.亚甲蓝试验方法。

（a）称取试样 200 g，精确至 1 g，然后将试样倒入盛有（500±5）mL 蒸馏水的烧杯中，用叶轮搅拌机以（600±60）r/min 的转速搅拌 5 min，形成悬浮液，然后以（400±40）r/min 的转速持续搅拌，直至试验结束。

（b）在悬浮液中加入 5 mL 亚甲蓝溶液，以（400±40）r/ min 的转速搅拌至少 1 min，然后用玻璃棒蘸取一滴悬浮液（所取悬浮液滴应使沉淀物的直径在 8～12 mm 内），滴于滤纸（置于空烧杯或其他合适的支撑物上，以使滤纸表面不与任何固体或液体接触）上。若沉淀物周围未出现色晕，再加入 5 mL 亚甲蓝溶液，继续搅拌 1 min，然后用玻璃棒蘸取一滴悬浮液滴于滤纸上，若沉淀物周围仍未出现色晕，则重复上述步骤，直至沉淀物周围出现约 1 mm 宽的稳定浅蓝色色晕。此时，应继续搅拌，不加亚甲蓝溶液，每 1 min 进行一次蘸染试验。若色晕在 4 min 内消失，再加入 5 mL 亚甲蓝溶液；若色晕在第 5 min 消失，再加入 2 mL 亚甲蓝溶液。这两种情况下，均应继续进行搅拌和蘸染试验，直至色晕可持续 5 min 为止。

（c）记录色晕持续 5 min 时所加入的亚甲蓝溶液总体积，精确至 1 mL。

（d）亚甲蓝 MB 值按下式计算：

$$MB = \frac{V}{G} \times 10 \qquad (4-1)$$

式中　MB——亚甲蓝值（g/kg），表示每千克 0～2.36 mm 粒级试样所消耗的亚甲蓝质量数，精确至 0.01 g/kg；

　　　　G——试样的质量，g；

　　　　V——所加入的亚甲蓝溶液的总体积，mL。

式（4-1）中的系数 10 用于将每千克试样消耗的亚甲蓝溶液体积换算成亚甲蓝的质量。

（e）亚甲蓝试验结果评定。

当 MB<1.4 时，判定以石粉为主；当 MB≥1.4 时，判定为以泥粉为主的石粉。

b. 亚甲蓝快速试验方法。

（a）按"溶液的配制及试样制备"中的方法制样。

（b）一次性向烧杯中加入 30 mL 亚甲蓝溶液,以(400±40)r/min 的转速持续搅拌 8 min,然后用玻璃棒蘸取一滴悬浊液,滴于滤纸上,观察沉淀物周围是否出现明显的色晕,出现色晕的为合格,否则不合格。亚甲蓝试验出现明显色晕的状态如图 4-3 所示。

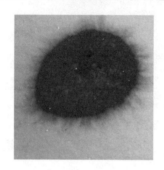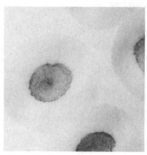

图 4-3　亚甲蓝试验中明显的色晕状态

不同品质砂的 MB 值见表 4-4。

表 4-4　不同品质砂的 MB 值

级　别	好　砂	中　砂	差　砂	极差砂
MB 值	0～0.6	0.6～1.2	1.2～2.4	≥2.4

（2）骨料的 MB 值与含泥量及石粉量的关系。

细骨料中过 75 μm 筛网的含泥量或石粉量的区别,可由上述的"亚甲蓝试验"测得,因为纯石粉含量高过某一定量值(大约在 5%)后其 MB 值不再上升,如图 4-4 所示;在各种纯石粉添加量下,随着含泥量的增加,其 MB 值也跟着增大,详细的流变情形如图 4-5 所示。

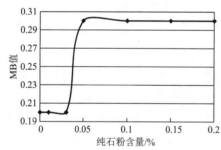
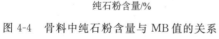

图 4-4　骨料中纯石粉含量与 MB 值的关系

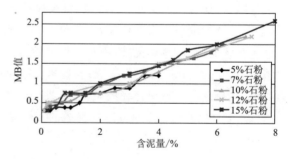

图 4-5　不同石粉加量时含泥量与 MB 值的关系

由图 4-4 可知骨料中若只含石粉,则其 MB 值一定低于 0.31。若测定某砂石的 MB 值为 1.5,再由图 4-5 即可比对出其含泥量。

（3）简易观察法。

取少量经细骨料筛分析过后底盘内的样本(2～3 g)倒入一中型(约 100 mL)透明量筒内,并加入足够的清水后充分振荡使样本与水充分混合,再经约 1 h 的自然沉淀,即得如图 4-6 所示的样品。

记录浮于最上层与砂粒不同颜色的刻度(h)，及所有泥砂的总高度(H)，则真正的含泥量为：

$$含泥量 = \frac{筛分析中过75\ \mu m\ 筛的百分数 \times h}{H} \quad (4\text{-}2)$$

图 4-6　以透明试管简易测定细骨料的含泥量

第五章

高性能混凝土的组成及骨料级配

第一节 混凝土的组构特性

现代混凝土材料的主要组成物质分为粗、细骨料,水泥(主要为胶凝材料),水,矿物掺合料,外加剂五大类。前三项为混凝土的主要基材,后两项是为改善混凝土性能而加入的新材料。表 5-1 给出了更翔尽的混凝土的实际组构。

表 5-1　混凝土的配比及各材料的体积

材　料	大石	小石	粗砂	细砂	水泥	矿渣粉	粉煤灰	水	外加剂	空气	总和	水胶比
质量/g	390.0	583.0	725.8	90.7	120.6	120.6	66.2	191.2	2.46	0.0	2 290.56	0.622
密度/(g·cm^{-3})	2.62	2.62	2.61	2.60	3.15	2.90	2.10	1.00	1.06	0.00		
体积率	0.148 9	0.222 5	0.278 1	0.034 9	0.038 3	0.041 6	0.031 5	0.191 2	0.002 3	0.01	0.999 3	

粗、细骨料的体积率＝0.148 9＋0.222 5＋0.278 1＋0.034 9＝0.684 4,混凝土中各原材料所占的体积率见图 5-1(a)。

因所有原材料的体积总和为1(单位体积),故可以图 5-1(b)更清楚地表示各组成成分占全体的比例。

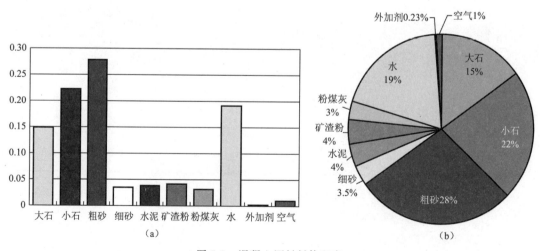

图 5-1　混凝土原材料体积率

由图 5-1 可知,粗、细骨料为混凝土的主要组成成分,单位体积比占混凝土的 60%~70%,其余为水泥、矿物掺合料、水及外加剂所组成的水泥浆体,所以粗、细骨料的质量对混凝土的各项特性影响最大。同时由图 5-1(b)可知:单位体积混凝土的组成材料有一定的比例。因为混凝土配比的计算是以单位体积作为计算依据的,若随意更改其中一项原材料的使用量,则势必改变其他原材料间的比例,也就是说混凝土的原材料组成之间是在一单位体积内平衡的,材料间具有"共轭性",各成分组成的比例数值即为描述混凝土所处状态的定位数据,而混凝土的性能也可由此状态来决定,其共轭状态如图 5-2 所示。

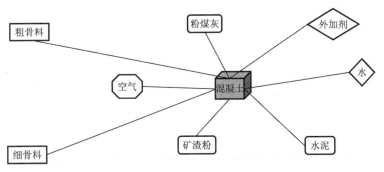

图 5-2　混凝土原材料组成比例的共轭平衡

第二节　水泥浆体

混凝土抗压强度的来源有两大类:主要来源由水泥浆体产生,次要来源则是由所有原材料相互堆积、填充的网络结构产生。水泥浆体的组构与其抗压强度的关系以水灰比或水胶比来定义,但是它与骨料间的填充关系却是混凝土产生工作性及抗压强度的重要因素之一。水泥浆体对骨料的填充度高,混凝土就具有稠度;反之,则容易产生粗涩、离析等不良工作性。

对构成水泥浆的水泥、矿物掺合料及外加剂的质量,一般混凝土生产厂除了以胶凝材料活性试验及密度、减水率试验做综合性的结果检验外,其余的质量特性均由委外试验单位执行。混凝土的各材料用量及各材料间的比例,必须依其使用的原材料做交叉比对试验确定。

第三节　粗、细骨料

混凝土预拌厂使用的粗、细骨料其原材料皆为大自然的产物,在经过加工后将其作为混凝土的基材。这些天然的骨料经过长时间的自然风化,体积稳定性、抗风化能力及抵抗腐蚀的能力较其他材料更佳,所以理论上对混凝土的质量更加有益。

混凝土的工作性是新拌混凝土最重要的特性,除了胶凝材料及用水量外,粗、细骨料的总使用量,骨料的形状,表面的光滑度及颗粒分布的级配曲线会有明显不同。一般就新拌混凝土的工作性来说,天然卵石、天然砂比碎石和机制砂好,光滑表面比粗糙表面好,连续的颗粒级配比跳跃级配好,所以我们须慎选粗、细骨料的适用性及其适量性。

混凝土中粗、细骨料的适用性及适量性相互影响。适用性不良靠使用量的调整很难有良好的改善,而使用量的调整在混凝土生产过程中则容易得多,所以必须先讨论粗、细骨料的适用性。

常见的骨料含水状况可分为下列四种(图 5-3):

(1) 烘干状况(Oven-dry,OD):将骨料置于温度为(105±5)℃的烘箱中烘干至恒重的绝对干燥状态。

(2) 气干状况(Air-dry,AD):将骨料置于室温下,令其自然干燥,使骨料的表面与内部呈部分干燥的状态。

(3) 饱和面干状况(Saturated Surface-dry,SSD):骨料颗粒内部孔隙含水达到饱和,而表面无附着水的状态。

(4) 湿润状况(Wet):骨料内部呈含水饱和且表面有附着水的状态。

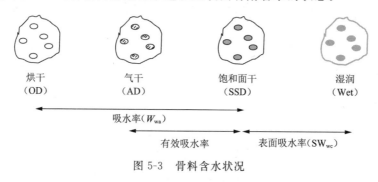

图 5-3　骨料含水状况

第四节　粗、细骨料的适用性

混凝土所使用的粗、细骨料是天然的优良砂石(不得有风化岩、页岩、碱骨料等)经破碎、清洗、筛分制成。混凝土生产厂购入时应做密度、吸水率、磨损率、碱活性等材质方面的试验,只要材料的来源没有变化,这些试验的频率就可以降低。因砂、石加工易产生机械磨损,造成粗、细骨料级配变动,所以混凝土生产厂必须进行足够频率的骨料筛分析检验,以取得生产调整的数据。

骨料的级配是一种不同尺寸颗粒排列组合的物理量,当大尺寸骨料间的空隙被较小尺寸的骨料填充后,整体骨料内的空隙率就会降低。当不同尺寸的骨料相互填充至最佳状态时,其单位容积的质量将增加,此颗粒大小尺寸的排列组合即为级配。

在如何掌控骨料级配前,我们先了解一下优良的混凝土骨料级配。良好的骨料级配应视该级配的用途而有所不同,所以针对水泥混凝土的用途,必须使其组成最致密(具有最小的空隙率)的连续级配。在各种骨料特定的比例之下,使骨料占最大的体积比,不但可借助有效填充的网络结构发挥骨料既有的强度功能,而且可因大小颗粒间的滚动,达成混凝土所需的工作性。因为骨料占最大体积比且为致密状态,所以可使用较少量的胶凝材料达到经济性的要求。

正确选择骨料形式及骨料尺寸的分布,不但影响新拌混凝土的工作性,还影响硬化混凝土的强度、渗透性、耐久性及成本,所以骨料的混合设计就成为混凝土配比设计及优化的必要工作。决定骨料混合组态的方法有两种:一种是利用某种"理想"的级配曲线作为设计依据;另一种则是利用理论规范及实际的骨料堆积值作为设计依据。或者两种方法同时采用。

第五节　混凝土骨料的理想级配

一、富勒曲线

骨料级配是以某标准筛号即通过该筛号间的关系定义的,这一关系可用公式、数值表或图形来表示。不同形态的理想曲线可用于实际实验及理论的计算,这些理想曲线有:Bolomey's 曲线、Fuller's 曲线、Graf's 曲线及 Rissel's 曲线,其中最有名且被普遍接受的是 Fuller's 曲线。1909 年,富勒及汤姆森(Fuller and Thomson)提出了固体骨料粒径分布定义的理论方程式及其分布曲线。其方程式为:

$$P = \left(\frac{d}{D}\right)^n \times 100\% \tag{5-1}$$

式中　n——级数,0.3~0.5;

　　　　P——某粒径颗粒的过筛百分比,%;

　　　　d——某颗粒的粒径,mm;

　　　　D——该级配组最大颗粒的粒径,mm。

其中 n 值越小表示级配越偏细化。水泥混凝土的骨料级配 n 值为 0.5 时较适用于低工作性的硬混凝土(Stiff Concrete)。用于软混凝土(Plastic Concrete),特别是在泵送混凝土时(坍落度≥5 cm)必须降低 n 值。按粗、细骨料的粒径规范及富勒及汤姆森方程式计算出的数值见表 5-2,由相关数据绘制成图 5-4 及图 5-5。

表 5-2　骨料粒径规范及理想值

骨料粒径/mm	25.0	19.0	12.5	9.5	4.75	2.36	1.18	0.6	0.3	0.15	0.075
粗骨料规范/%	100~95	—	60~25		10~0	5~0	—				
细骨料规范/%	—				100~95	100~80	80~45	60~25	30~10	10~2	5~0
富勒曲线值/%	100	81.87	70.71	61.64	43.59	30.72	21.73	15.49	10.95	7.75	—

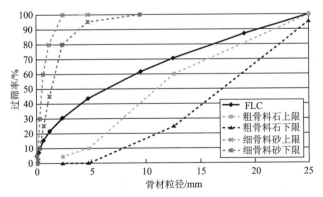

图 5-4　25 mm 骨料规范及富勒曲线(FLC)(实际粒径)

若横坐标以对数刻度表示,则图 5-4 变为图 5-5。

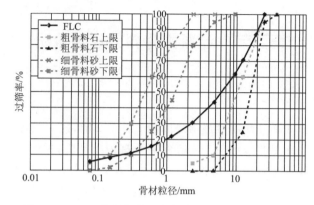

图 5-5　25 mm 骨料规范及富勒曲线(FLC)(对数粒径)

二、混凝土骨料理想级配讨论

由图 5-4 的富勒曲线可知:

(1)富勒曲线(实坐标)的上部趋于直线,下部为椭圆曲线的一部分。

(2)曲线与纵坐标(过筛率)相交于 7%～8%,表示仍须有粒径 0.15 mm 以下的粉细骨料来完成级配性。同时,这些粉细骨料也可以起到骨料级配间的填充作用。这也是粉煤灰、石粉甚至含泥量在混凝土中产生微集料效应的原因。

(3)横坐标数据跨距过大(0.075～37.5 mm),若以对数坐标表来表示,骨料颗粒的级配情况(尤其在细骨料部分)会更清楚。

(4)粒径 1.18 mm 以下滑料的过筛率急剧减小(细骨料少),理论级配的组构偏重于粗骨料级配的组合方式。

(5)细骨料 0.3 mm 的过筛率会影响混凝土的泵送,所以最大粒径 25 mm 骨料级配的FLC 过筛率为:

$$(0.3/25)^{0.5} \times 100\% = 10.95\%$$

$$= (1-砂率) \times \frac{粗骨料}{0.3\ mm\ 过筛率} + 砂率 \times \frac{细骨料}{0.3\ mm\ 过筛率} \tag{5-2}$$

由式(5-2)可估算符合 FLC 细骨料的 0.3 mm 最低过筛率(FLC 假设所有骨料为圆球形)。

(6)如图 5-4 及图 5-5 所示,规范粗、细骨料筛分析可使混凝土的骨料粒度分布符合富勒曲线(FLC)所示的连续级配。

(7)富勒曲线(FLC)是由富勒公式导出的理论级配,其颗粒皆为理想的圆形颗粒。虽然混凝土骨料绝大部分是由不规则的颗粒组成的,但仍可参照富勒曲线的趋势组合级配。

(8)富勒曲线只是混凝土骨料连续级配的理想模型,如果单位体积内的混凝土骨料完全依富勒曲线组合构成,就会因细骨料过少而造成工作性不良。

(9)富勒曲线所表示的颗粒分布都在 0.15 mm 筛以上,对于添加矿渣粉、粉煤灰、硅灰等小于 0.15 mm 的颗粒并没有体现,有必要做更深入的探讨。

(10)若考虑理想曲线的起始点 $x_0 = 0.075$ mm,粒径小于 0.075 mm 的颗粒为泥粉或石粉,则富勒曲线可改写成:

$$P = A \times (x_i - x_0)^{0.5} \tag{5-3}$$

式中　A——系数；

　　　x_i——某筛号的粒径，mm；

　　　x_0——0.075 mm。

（11）富勒理想曲线公式中的指数 $n=0.5$ 只适用于低坍落度的混凝土级配，越有塑性的混凝土其 n 值越小。

三、混凝土配比的骨料级配与富勒曲线（FLC）

一般来说，水泥混凝土的骨料由粗骨料混合细骨料组成。混凝土生产厂会定期做粗、细骨料筛分析检验，大部分依据检验的数据，凭经验设计或调整配比，但却很少做配比中粗、细骨料颗粒级配的评估。经由富勒曲线的比对评估，可使骨料形成致密性填充，达到高效的级配网络结构，因此配比设计者应谨慎处理。

四、利用富勒曲线（FLC）评估混凝土配比中骨料级配的步骤

（1）依 JGJ 52—2006 做细骨料筛分析试验，并计算各筛号的过筛率。细骨料筛分析试验结果见表 5-3。依据粗、细砂的 μ_f 值与配比的综合 μ_f 值可求得粗、细砂的混合过筛值。

表 5-3　细骨料筛分析数据

试验目的										样本量：约 600 g	
试验时间		试验人员		粗砂分配比率/%	82.62	细砂分配比率/%		17.38		综合 μ_f	2.50
样品名称		粗　砂				细　砂			混合后过筛值	规　范	
筛　号	累积留筛		过筛值	混合比	累积留筛		过筛值	混合比		下限值	上限值
	g	%	%	%	g	%	%	%	%	%	%
10.0 mm	0.00	0.00	100.00	82.62	0.00	0.00	100.00	17.38	100.00	100	100
5.0 mm	81.00	5.27	94.73	78.27	22.00	2.80	97.20	16.89	95.16	95	100
2.5 mm	445.00	28.93	71.07	58.72	61.00	7.77	92.23	16.03	74.74	80	100
1.25 mm	662.00	43.04	56.96	47.06	93.00	11.85	88.15	15.32	62.38	45	80
0.63 mm	859.00	55.85	44.15	36.48	133.00	16.94	83.06	14.43	50.91	25	60
0.315 mm	1 088.00	70.74	29.26	24.17	223.00	29.68	70.32	12.22	36.39	10	30
0.160 mm	1 364.00	88.69	11.31	9.35	575.00	73.25	26.75	4.65	14.00	2	10
0.075 mm	1 492.00	97.01	2.99	2.47	733.00	93.38	6.62	1.15	3.62	0	5
底　盘	1 538.00	100.00	0.00	0.00	785.00	100.00	0.00	0.00	0.00		
μ_f 值	2.75		2.276		1.29		0.224		2.50		
含泥量/%	2.99		2.47		6.62		1.15		3.62		

（2）根据表 5-3 的数据，作实际值及规范中值筛分析图（见图 5-6）。

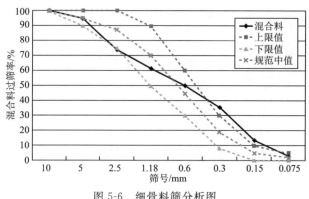

图 5-6　细骨料筛分析图

（3）依 JGJ 52—2006 做粗骨料筛分析试验，并计算各筛号的过筛率。依据配比执行的分配率可计算大、小石混合后的过筛值。一般粗骨料的筛底并不记入筛分析结果，但须按细骨料筛分析法再次试验。粗骨料筛分析试验数据见表 5-4。

表 5-4　粗骨料筛分析数据

试验时间		试验人员		大石使用百分比/%			40.0		小石使用百分比/%		60.0	
样品名称		40 mm 碎石				25 mm 碎石			混合后过筛值	规范(公称尺寸：40 mm)		规范(公称尺寸：25 mm)	
筛号		累积留筛		过筛值	混合比	累积留筛		过筛值	混合比		下限值	上限值	下限值	上限值
		g	%	%	%	g	%	%	%	%	%	%	%	%
37.5 mm	0	0.00	100.00	40.00	0	0.00	100.00	60.00	100.00	95	100		
31.5 mm	0	0.00	100.00	40.00	0	0.00	100.00	60.00	100.00			100	100
26.5 mm	46	0.52	99.48	39.79	0	0.00	100.00	60.00	99.79			95	100
19 mm	4 773	53.59	46.41	18.56	0	0.00	100.00	60.00	78.56	35	70		
16 mm	8 490	95.32	4.68	1.87	1 940	29.67	70.33	42.20	44.07			30	70
9.5 mm	8 666	97.30	2.70	1.08	4 268	65.28	34.72	20.83	21.91	10	30		
4.75 mm	8 691	97.58	2.42	0.97	6 184.9	94.60	5.40	3.24	4.21	0	5	0	10
2.36 mm	8 695.6	97.63	2.37	0.95	6 208.9	94.96	5.04	3.02	3.97			0	5
底盘	8 906.8	100.00	0.00	0.00	6 538.1	100.00	0.00	0.00	0.00				

（4）根据表 5-4 的数据，可作出实际值及规范中值筛分析图（图 5-7）。

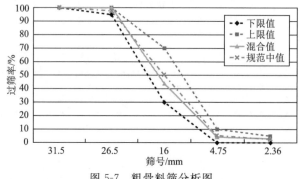

图 5-7　粗骨料筛分析图

（5）依相关条件做配比设计，计算出单位体积各原材料的使用量，并列于表 5-5（SSD 状态粗、细骨料）。

表 5-5　混凝土 SSD 配比

粗骨料/(kg·m⁻³)	粗砂/(kg·m⁻³)	细砂/(kg·m⁻³)	水泥/(kg·m⁻³)	矿渣粉/(kg·m⁻³)	粉煤灰/(kg·m⁻³)	水/(kg·m⁻³)	外加剂/(kg·m⁻³)
988.6	717.2	125.1	184.8	84.8	83.3	185.2	3.6

（6）粗、细骨料按配比混合后，各粒径过筛率的计算原则。

4.75 mm 以上粒径的混合过筛率：

$$\text{4.75 mm 以上粒径的过筛率}=\text{粗骨料筛分析中该粒径的混合过筛率}\times\frac{\text{SSD 粗骨料总量}}{\text{SSD 骨料总量}}+100\times\frac{\text{SSD 砂总量}}{\text{SSD 骨料总量}} \tag{5-4}$$

4.75 mm 以下粒径的混合过筛率：

$$\text{4.75 mm 以下粒径的过筛率}=\text{粗骨料筛分析中该粒径的混合过筛率}\times\frac{\text{SSD 砂总量}}{\text{SSD 骨料总量}}+\text{细骨料筛分析中该粒径的混合过筛率}\times\frac{\text{SSD 砂总量}}{\text{SSD 骨料总量}} \tag{5-5}$$

例如：由表 5-3 和表 5-4 的筛分析结果及 SSD 配比分别计算 16 mm 及 2.5 mm 粒径的混合过筛率。

$$\text{16 mm 粒径的过筛率}=44.07\times\frac{988.6}{988.6+717.2+125.1}+100\times\frac{717.2+125.1}{988.6+717.2+125.1}=69.8$$

$$\text{2.5 mm 粒径的过筛率}=3.97\times\frac{988.6}{988.6+717.2+125.1}+74.74\times\frac{717.2+125.1}{988.6+717.2+125.1}=36.53$$

（7）每种骨料粒径的混合过筛率及理想曲线过筛率列于表 5-6。

（8）以骨料粒径为自变量，混合过筛率为应变量，作图比较。

（9）为了解完全合乎粗、细骨料规范级配的级配曲线，并以其过筛率的规范中值（表 5-6）作为配比骨料级配计算的依据，分别作出实际级配曲线，见图 5-8。

表 5-6　粗、细骨料合并筛分析表

项　目	25 mm 粗骨料		细骨料		25 mm 粗骨料	细骨料
骨料粒径	上限值	下限值	上限值	下限值	规范中值	规范中值
mm	%	%	%	%	%	%
37.5	100	100			100	100
25	100	95			97.5	100
19					71.1*	100
12.5	60	25			42.5	100
9.5			100	100	28.0*	100
4.75	10	0	100	95	5	97.5
2.36	5	0	100	80	2.5	90
1.18			80	45	0	62.5
0.6			60	25	0	42.5

续表 5-6

项　目	25 mm 粗骨料		细骨料		25 mm 粗骨料	细骨料
骨料粒径	上限值	下限值	上限值	下限值	规范中值	规范中值
mm	%	%	%	%	%	%
0.3			30	10	0	20
0.15			10	2	0	6
0.075			5	0	0	2.5

注：* 表示数据用内插法求得。

（10）图形分析。

① 由图 5-8 可知，粗骨料（5 mm 粒径以上）级配三组曲线几乎是一致的（实际尺寸 FLC 图更明显）。可是在细骨料级配图中，不管是实际骨料或过筛率规范中值骨料，都与理论 FLC 曲线有明显的差异。

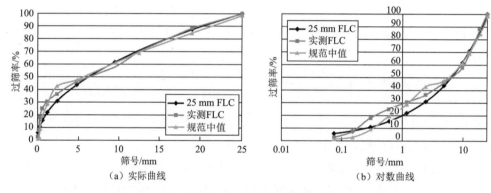

（a）实际曲线　　　　　　　　　（b）对数曲线

图 5-8　骨料实际尺寸过筛率的理想及实际 FLC 曲线

② 理论富勒曲线骨料为圆形颗粒，实际骨料大部分形状不规则，若符合理论富勒曲线，混凝土会过于粗涩。考虑混凝土的工作性，实际配比中的细骨料过筛率明显大于理论富勒曲线。

③ 0.3 mm 筛号以下的过筛率低于理论富勒曲线，加上各种细粉料（水泥、矿渣粉、粉煤灰等），实际上此段曲线仍接近理论富勒曲线。

④ 如何填满骨料间空隙以形成致密的混凝土，并非理论富勒曲线要求的。理论富勒曲线只考虑骨料颗粒的级配情形，较偏向较粗颗粒的级配要求。

⑤ 混凝土骨料须为连续级配，骨料尺寸须为等比，各骨料量的分配须成某一数理曲线。

⑥ 实际混凝土骨料级配曲线近似于富勒曲线，细骨料部分存在差异。

第六节　配比变动时骨料级配的变动

除了粗、细骨料本身的级配外，配比其他特性的变动也会导致骨料级配变动。为满足混凝土工作性的需求，生产厂必须时常调整混凝土的配比，其中骨料的组成变动是最常用的。各种配比变动对骨料级配的影响可通过与富勒曲线（FLC）进行比较分析。

一、配比的总浆量变化(抗压强度不同)

单位体积内的配比有共轭性,所有原材料的组成有一定的比例,改变其中一项则须改变其他项。总浆量变化时骨料级配的变动如下:

(1)应变变因,即骨料各粒径的混合过筛率。

(2)控制变因,即原材料的特性,混凝土的坍落度,粗骨料中小石、大石的比例,细骨料的细度,胶凝材料的组态,粗骨料的使用量。

(3)操纵变因,即胶凝材料的总用量分别为 220 kg/m³、270 kg/m³、320 kg/m³、370 kg/m³、420 kg/m³。

根据上述各种变因,依混凝土配比中骨料级配富勒曲线(FLC)的评估步骤,分别计算每种胶凝材料用量下的混合骨料过筛率,如图 5-9 所示。

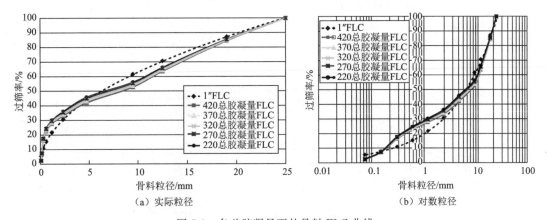

图 5-9　各总胶凝量下的骨料 FLC 曲线

二、细骨料的细度变化(μ_f值不同)

单位体积内的配比有共轭性,所有原材料的组成有一定的比例,改变其中一项则须改变其他项。细骨料的粗细度变化对骨料级配的影响分析如下:

(1)应变变因,即骨料各粒径的混合过筛率。

(2)控制变因,即原材料的特性,混凝土的坍落度,粗骨料中小石、大石的比例,细骨料的细度,胶凝材料的组态,粗骨料使用量。

(3)操纵变因,即细骨料的细度模数分别为 2.5、2.6、2.7、2.8、2.9。

根据上述各种变因,依混凝土配比中骨料级配富勒曲线(FLC)的评估步骤分别计算每种胶凝材料用量时的混合骨料过筛率,如图 5-10 所示。

三、粗骨料中的大石组态变化(比例不同)

单位体积内的配比有共轭性,所有原材料的组成有一定的比例,改变其中一项则须改变其他项。粗骨料中的小石、大石组态度变化对骨料级配的影响分析如下:

(1)应变变因,即骨料各粒径的混合过筛率。

(2)控制变因,即原材料的特性,混凝土的坍落度,细骨料的粗细度,配比中的胶凝材料总

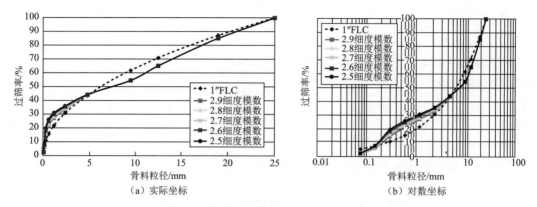

图 5-10　各种细度模数砂骨料的 FLC 曲线

量,胶凝材料的组态,粗骨料使用量。

(3)操纵变因,即粗骨料中的大石比例分别为 100%、75%、50%、25%、0%。

根据上述各种变因,依混凝土配比中骨料级配富勒曲线(FLC)的评估步骤,分别计算每种胶凝材料量下的混合骨料过筛率,如图 5-11 所示。

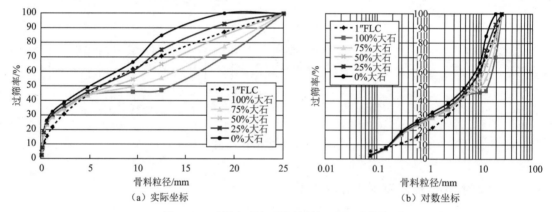

图 5-11　不同大石率下的骨料级配 FLC 曲线

四、配比中粗骨料使用量的变化

单位体积内的配比有其共轭性,所有原材料的组成有一定的比例,改变其中一项则须改变其他项。粗骨料使用量变化对骨料级配的影响分析如下:

(1)应变变因,即骨料各粒径的混合过筛率。

(2)控制变因,即原材料的特性,混凝土的坍落度,细骨料的粗细度,配比胶凝材料总量,胶凝材料的组态,粗骨料中小石、大石的比例。

(3)操纵变因,即配比中粗骨料使用量分别为 1 200 kg/m³、1 100 kg/m³、1 000 kg/m³、900 kg/m³、800 kg/m³。

根据上述各种变因,依混凝土配比中骨料级配富勒曲线(FLC)的评估步骤,分别计算每种胶凝材料量下的混合骨料过筛率,如图 5-12 所示。

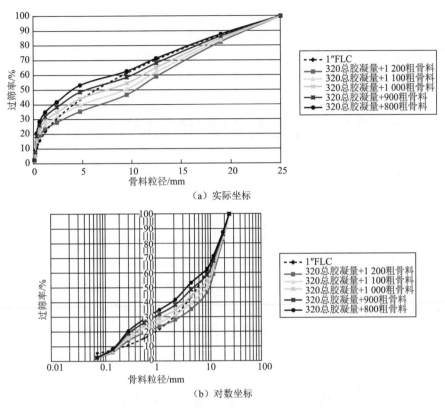

（a）实际坐标

（b）对数坐标

图 5-12 不同粗骨料用量下的骨料级配 FLC 曲线

五、结论

（1）由图 5-9 可知，在配比只作总胶凝材料量变动时，粗、细骨料级配都会受少量的影响。胶凝材料总量越大，则骨料级配偏粗，反之亦然。

（2）由图 5-10 可知，在配比只作细骨料粗细度变动时，粗骨料级配不受影响，而细骨料级配受影响，整体级配与细骨料的粗细度变动成正比。

（3）由图 5-11 可知，在配比只作粗骨料中小石、大石比例变动时，细骨料级配只受少量的影响，但粗骨料级配影响明显。由曲线图与 FLC 曲线的流变比较可知，粗骨料（大石）用量大于 50％ 以上时粗骨料级配会产生"跳级配"的不良现象，所以大石用量最好不要超过 55％。

（4）由图 5-12 可知，在配比只作粗骨料用量变动时，粗、细骨料级配明显都受影响。在总胶凝材料量 320 kg/m³，粗骨料用量在 1 000 kg/m³ 以上时，配比中的粗骨料级配已过粗（与 FLC 曲线比较）。

由上述讨论可知，在做混凝土配比设计时，要特别关注粗骨料的总用量（配比中的砂石比例），及最大粗骨料的用量比例。骨料颗粒粒径越大，越须关注其间的级配情形，关注程度随骨料颗粒粒径的降低而降低。

第六章

高性能混凝土中矿渣粉的添加率

粒化高炉矿渣粉由高炉水淬粒状矿渣经干燥、粉碎、研磨制成,达到标准细度并符合规定活性指数的粉体材料简称矿渣粉(GGBS)。依其使用的目的不同也有添加石膏的。

高炉矿渣粉有潜在的水硬性,本身硬化性质微弱,但在碱性环境中便会产生硬化。例如,其与波特兰硅酸盐水泥混合时,受到氢氧化钙或硫酸盐的作用会加速硬化。在混凝土中矿渣粉的硬化作用过程须借助硅酸盐水泥的化学产物才能更加完整,若有粉煤灰的加入,作用情况将变得更加复杂,所以混凝土中矿渣粉的合理添加率是混凝土预拌厂需要重点试验的项目。

第一节 矿渣粉的活性试验

一、胶凝材料的活性试验

1.试验内容

以硅酸盐水泥 500 g、标准砂 1 375 g、水 355 g 配制对比砂浆;水泥 250 g,A 厂、B 厂、C 厂矿渣粉 250 g,标准砂 1 375 g,水 355 g 分别配制 A、B、C 三组试验砂浆,得到相关龄期的砂浆结果见表 6-1。从其活性值可一窥各厂家的矿渣粉在混凝土中发挥的作用。

2.试验结果

将试验所得的矿渣粉活性值列于表 6-1。

表 6-1 不同品牌矿渣粉的活性试验值

项　　目	对比砂浆	试验砂浆 A	试验砂浆 B	试验砂浆 C
试样坍流度/(cm×cm)	65.8	86.9	84.8	84.2
7 d 抗压强度/MPa	60.36	48.798	41.737	46.600
	58.85	46.993	46.600	38.756
7 d 平均抗压强度/MPa	59.394	47.896	44.169	42.678
7 d 活性值/%	88.4	79.9	73.7	71.2

项　　目	对比砂浆	试验砂浆 A	试验砂浆 B	试验砂浆 C
28 d 抗压强度/MPa	66.842	85.985	76.021	79.473
	65.116	77.041	71.794	84.494
	74.060	92.889	76.413	85.592
	62.606	81.984	75.080	81.670
28 d 平均抗压强度/MPa	67.156	84.474	74.827	82.807
28 d 活性值/%		125.8	111.4	123.3

二、活性试验结果讨论

（1）由砂浆的坍流度试验可知，矿渣粉取代硅酸盐水泥对砂浆的坍流度有增大作用（砂浆 A、B、C 的坍流度皆比基准砂浆大），即矿渣粉的加入可降低混凝土的用水量。

（2）由 7 d 活性可知，矿渣粉取代硅酸盐水泥会降低混凝土的早期强度（砂浆 A、B、C 的 7 d 活性值皆比基准砂浆小）。

（3）由 28 d 的活性可知，矿渣粉取代硅酸盐水泥，会使混凝土的 28 d 抗压强度增加（砂浆 A、B、C 的 28 d 抗压强度值皆比基准砂浆大）。因矿渣粉的密度比硅酸盐水泥的小，同质量取代硅酸盐水泥的体积比硅酸盐水泥的大，所以 28 d 抗压强度会有较佳的表现。

第二节　实际配比的砂浆试验

胶凝材料活性试验是在一特定的总胶凝量（450 g）下，以硅酸盐水泥及矿渣粉为变量进行的试验。实际配比会加入粉煤灰等其他矿物掺合料，总胶凝量也会时常变化，下面以砂浆试验来说明这些变量下矿渣粉添加量的最佳点。

一、贫浆配比（以总胶凝量 200 kg/m³ 为代表）

在总胶凝量 200 kg/m³ 时，粉煤灰的添加率 $\left(\dfrac{粉煤灰的质量}{粉煤灰的质量+SSD砂的总质量}\right)$ 固定为 8%，将矿渣粉添加率分为 10%、30%、50%、60%、70%、90% 六个试验操纵变因，分别做砂浆试验，并将所得样本做成 5 cm×5 cm×5 cm 的砂浆方块，以 28 d 抗压强度为应变变因。

（1）配比及试验后的抗压结果。

因混凝土添加矿物掺合料后，抗压强度的发展与温度有密切关系，故试验的砂浆方块养护分为冷、热水两种，其温度条件如下：

① 冷水养护，养护水温为 15～18 ℃。

② 热水养护，养护水温为 35～37 ℃。

试验内容及其结果见表 6-2。

表 6-2　矿渣粉不同添加率的试验结果（低胶量）

	GGBS/%	10	30	50	60	70	90
配比内容	粗骨料/g	925.8	925.8	925.8	925.8	925.8	925.8
	粗砂/g	917.4	916.2	915.0	914.4	913.8	912.6
	细砂/g	51.5	51.4	51.3	51.3	51.3	51.2
	硅酸盐水泥/g	104.3	81.2	58.0	46.4	34.9	11.7
	矿渣粉/g	11.5	34.7	58.0	69.6	81.2	104.5
	粉煤灰/g	84.2	84.1	84.0	84.0	83.9	83.8
	水/g	185.2	185.1	184.9	184.9	184.8	184.7
	外加剂/g	1.6	1.6	1.6	1.6	1.6	1.6
冷水养护	坍流度/(cm×cm)	39.90	39.90	40.32	42.68	38.64	43.12
	5 cm×5 cm× 5 cm 方块 抗压强度/MPa	25.399	25.105	34.029	30.401	30.597	20.790
		22.751	27.459	26.184	26.282	20.790	21.182
		30.597	34.029	34.617	30.401	28.243	20.006
		32.166	22.555	29.420	21.280	21.575	19.907
		23.928	25.595	36.677	30.597	23.634	15.593
		27.164	24.713	33.048	29.616	25.791	21.771
	平均抗压强度/MPa	27.001	26.576	32.330	28.096	25.105	19.875
	样本标准偏差	3.734	3.977	3.841	3.713	3.840	2.213
热水养护	坍流度/(cm×cm)	38.64	41.80	40.85	42.24	41.80	40.85
	5 cm×5 cm× 5 cm 方块 抗压强度/MPa	42.463	38.148	24.713	45.503	41.972	30.204
		35.304	26.870	39.227	48.641	35.108	32.166
		23.144	30.499	29.028	50.210	37.658	29.028
		23.536	28.537	31.185	39.619	41.678	31.283
		29.420	30.597	37.854	46.484	41.776	31.381
		31.577	31.283	41.286	46.287	39.619	30.303
	平均抗压强度/MPa	30.908	30.989	33.882	46.124	39.636	30.727
	样本标准偏差	7.350	3.865	6.543	3.630	2.780	1.109
评估系数	粗积系数	1.815 5	1.813 2	1.810 8	1.809 8	1.808 4	1.806 0
	细积系数	0.500 36	0.505 00	0.509 67	0.511 88	0.514 33	0.519 03
	粉细比	0.763 9	0.766 7	0.769 5	0.770 9	0.772 4	0.775 2
	粉粗比	0.949 6	0.951 9	0.954 2	0.955 3	0.956 4	0.958 7
	有效细积	0.240 32	0.244 96	0.249 6	0.251 8	0.254 3	0.259 0

（2）依表 6-2 的试验结果作图 6-1，并做以下分析：

由图 6-1 可知，混凝土在低浆配比（总胶凝量 200 kg/m³）时，若环境温度在 15～18 ℃，矿渣粉的最佳使用率为 50%；若环境温度在 35～37 ℃，矿渣粉的最佳添加率升高至 60%。

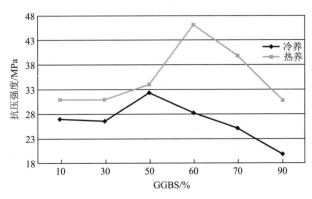

图 6-1　矿渣粉各种添加率下的 28 d 抗压强度(低胶量)

二、中浆配比(以总胶凝量 307.4 kg/m³ 为代表)

在总胶凝量为 307.4 kg/m³ 时,粉煤灰的添加率固定为 8%,将矿渣粉添加率分为 10%、30%、50%、60%、70%、90% 六个试验操纵变因,分别做砂浆试验,并将所得样本做成 5 cm× 5 cm×5 cm 的砂浆方块,以 28 d 抗压强度为应变变因。

(1)配比及试验后的抗压结果。

因混凝土添加矿物掺合料后,抗压强度的发展与温度有密切关系,故试验的砂浆方块养护分为冷、热水两种,其温度条件如下:

① 冷水养护,养护水温为 15~18 ℃。

② 热水养护,养护水温为 35~37 ℃。

试验内容及其结果列于表 6-3。

表 6-3　矿渣粉不同添加率的试验结果(中胶量)

	GGBS/%	10	30	50	60	70	90
配比内容	粗骨料/g	973	973	973	973	973	973
	粗砂/g	766.4	763.3	760.2	758.6	757.1	754.0
	细砂/g	43.0	42.8	42.6	42.6	42.5	42.3
	硅酸盐水泥/g	213.3	166.1	118.8	95.1	71.4	23.8
	矿渣粉/g	23.7	71.2	118.8	142.6	166.5	214.3
	粉煤灰/g	70.4	70.1	69.8	69.7	69.5	69.2
	水/g	195.2	195.2	195.2	195.2	195.2	195.2
	外加剂/g	2.46	2.46	2.46	2.46	2.46	2.46
冷水养护	坍流度/(cm×cm)	53.58	53.58	51.70	50.60	59.50	51.23
	5 cm×5 cm× 5 cm 方块 抗压强度/MPa	91.398	98.165	96.596	89.044	87.083	45.405
		83.945	97.282	88.652	89.142	75.217	38.834
		81.493	87.475	94.536	71.000	82.866	48.249

冷水养护	5 cm×5cm×5 cm 方块抗压强度/MPa	86.789	88.652	92.869	64.332	83.258	37.658
		92.575	87.868	94.144	84.337	82.768	34.127
		99.341	95.517	92.477	72.471	82.964	36.579
	平均抗压强度/MPa	89.257	92.493	93.212	78.387	82.359	40.142
	样本标准偏差	6.510	5.011	2.665	10.505	3.871	5.480
热水养护	坍流度/(cm×cm)	44.44	46.20	50.60	49.50	47.70	46.20
	5 cm×5cm×5 cm 方块抗压强度/MPa	104.049	101.597	114.149	91.398	102.578	54.721
		103.950	96.497	114.542	107.873	106.108	46.385
		94.144	103.558	112.188	98.361	79.140	41.874
		103.264	107.873	116.111	90.613	75.413	41.188
		99.636	100.812	109.834	93.752	100.518	44.424
		99.047	105.912	109.442	96.497	68.647	41.874
	平均抗压强度/MPa	100.682	102.708	112.711	96.416	88.734	45.078
	样本标准偏差	3.878	4.027	2.691	6.340	16.158	5.114
评估系数	粗积系数	1.443	1.437	1.431	1.428	1.426	1.420
	细积系数	0.849	0.862	0.875	0.882	0.889	0.903
	粉细比	0.980 24	0.988 26	0.996 37	1.000 45	1.004 56	1.012 84
	粉粗比	0.968 39	0.972 36	0.976 35	0.978 34	0.980 34	0.984 35
	有效细积	0.588 8	0.602 0	0.615 4	0.622 1	0.628 9	0.642 6

（2）依表 6-3 的试验结果作图 6-2，并做以下分析：

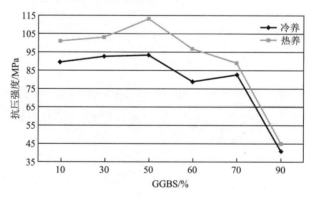

图 6-2　矿渣粉各种添加率下的 28 d 抗压强度（中胶量）

由图 6-2 可知，混凝土在中浆配比（总胶凝量 307.4 kg/m³）时，不论环境温度为 15～18 ℃或 35～37 ℃，矿渣粉的最佳添加率均不得超过 50%。

三、富浆配比（以总胶凝量 400 kg/m³ 为代表）

在总胶凝量 400 kg/m³ 时，粉煤灰的添加率固定为 8%，将矿渣粉添加率分为 10%、30%、50%、60%、70%、90% 六个操纵变因，分别做砂浆试验，并将所得样本分别做成 5 cm×5 cm×

5 cm 的砂浆方块,以 28 d 抗压强度为应变变因。

（1）配比及试验后的抗压结果。

因混凝土添加矿物掺合料后,抗压强度的发展与温度有密切关系,故试验的砂浆方块养护分为冷、热水两种养护法,其温度条件为:

① 冷水养护,养护水温为 15～18 ℃。

② 热水养护,养护水温为 35～37 ℃。

试验内容及其结果列于表 6-4。

表 6-4　不同添加率的试验结果(高胶量)

	GGBS/%	10	30	50	60	70	90
配比内容	粗骨料/g	1 013.8	1 013.8	1 013.8	1 013.8	1 013.8	1 013.8
	粗砂/g	633.8	630.3	626.8	624.9	623.1	619.5
	细砂/g	35.6	35.4	35.2	35.1	35.0	34.8
	硅酸盐水泥/g	307.5	239.5	171.2	137.1	102.8	34.4
	矿渣粉/g	34.3	102.6	171.2	205.5	240.0	308.7
	粉煤灰/g	58.2	57.9	57.0	57.4	57.2	56.9
	水/g	204.8	204.5	204.1	203.9	203.7	203.3
	外加剂/g	3.2	3.2	3.2	3.2	3.2	3.2
冷水养护	坍流度/(cm×cm)	43.0	51.7	51.7	49.5	48.3	44
	5 cm×5 cm× 5 cm 方块 抗压强度/MPa	132.978	133.959	92.575	99.145	79.532	73.354
		125.133	124.348	112.973	87.083	99.439	66.195
		132.096	131.017	133.370	90.123	57.957	45.503
		129.448	131.801	133.959	107.775	68.647	44.914
		123.956	96.497	122.387	85.220	108.363	52.171
		100.420	120.818	116.699	71.981	89.044	64.724
	平均抗压强度/MPa	124.005	123.073	118.660	90.221	83.830	57.810
	样本标准偏差	12.109	13.934	15.369	12.291	18.927	11.910
热水养护	坍流度/(cm×cm)	51.52	52.64	54.05	51.70	47.38	42.75
	5 cm×5 cm× 5 cm 方块 抗压强度/MPa	98.165	132.684	147.394	108.756	110.521	79.042
		123.564	121.995	139.254	123.073	115.915	77.374
		128.467	145.335	125.917	119.641	106.108	92.673
		137.587	147.198	163.183	152.984	68.254	73.746
		100.518	135.822	134.547	149.061	83.160	68.254
		148.963	117.189	149.355	116.013	131.409	68.647
	平均抗压强度/MPa	122.877	133.370	143.275	128.254	102.561	76.622
	样本标准偏差	20.195	12.100	12.991	18.306	22.977	9.011

评估系数	粗积系数	1.145 5	1.139 2	1.132 8	1.129 4	1.126 1	1.119 7
	细积系数	1.286 77	1.311 06	1.335 73	1.348 43	1.361 27	1.386 54
	粉细比	1.240 9	1.255 6	1.270 6	1.278 3	1.286 1	1.301 4
	粉粗比	0.973 4	0.979 5	0.985 6	0.988 6	0.991 7	0.997 8
	有效细积	1.026 7	1.051 0	1.075 7	1.088 4	1.101 2	1.126 5

（2）依表 6-4 的试验结果作图 6-3，并做以下分析：

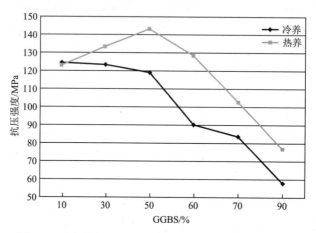

图 6-3　矿渣粉各种添加率下的 28 d 抗压强度（高胶量）

由图 6-3 可知，混凝土在富浆配比（总胶凝量 400 kg/m³）时，不论环境温度为 15～18 ℃ 或 35～37 ℃，矿渣粉的最佳添加率均应低于 50%。

四、以配比砂浆为试验方法的结论

（1）混凝土在高温环境时，可增加矿渣粉的添加率，但最大值不应超过 50%。

（2）从贫浆配比到富浆配比，矿渣粉添加率应逐渐降低，低温环境下更不可增加其添加率。

第三节　实际混凝土配比试验

一、试验方法

以抗压强度 30 MPa、40 MPa、50 MPa、60 MPa 为试验目标，再分别以矿渣粉添加率及高、中、低三种养护温度为操纵变因，试验坍落度及其他原材料特性为控制变因，以混凝土的各龄期强度为应变变因，做出相关的试验配比。准备好相关材料，在实验室利用小型拌和机做模拟拌和试验。试验配比详见表 6-5。

表 6-5 各种矿渣粉添加量时的混凝土配比

编 号	配 比										
	大石/kg	小石/kg	粗砂/kg	细砂/kg	水泥/kg	矿渣粉/kg	粉煤灰/kg	水/kg	外加剂/kg	水泥率/%	坍落度/cm
3H₁	525	524	423	423	143	70	50	180	0.78	54.4	22
3H₂											21.5
3L₁	525	524	418	419	240	0	50	180	0.84	82.8	21
3L₂											21
4H₁	525	524	406	406	140	120	50	180	0.91	45.2	21.5
4H₂											22
4L₁	525	524	405	405	250	21	50	180	0.95	77.9	21.5
4L₂											22
5H₁	525	524	379	379	139	179	50	180	1.11	37.8	21.5
5H₂											22
5L₁	525	524	391	391	250	52	50	180	1.06	71.0	20
5L₂											21.5
6H₁	525	524	354	354	125	248	50	180	1.31	29.6	20
6H₂											20
6L₁	525	524	374	374	263	76	50	180	1.19	67.6	18
6L₂											18

注:① H 代表配比中矿渣粉的添加率≥30%。

② L 代表配比中矿渣粉的添加率<30%。

③ 下标 1、2 代表因试拌量的关系(小拌一次的混凝土量不足以制作所需的试体),每组配比分成两个批次试拌。

二、混凝土试体的制作方法

为模拟混凝土工作物的实际发生情形,将新拌混凝土制成 60 cm×60 cm×30 cm 的大方块,并放置在大气中,上层灌水养护,到测试龄期,钻取 φ10 cm×20 cm 的试体进行混凝土抗压强度试验。

三、混凝土试体养护的环境温度

试体样本分别用低、中、高三种温度的水养护至规定龄期做抗压强度试验。其中,低温为(15±2)℃,中温为(25±2)℃,高温为(39±2)℃。

四、抗压强度试验结果

各种矿渣粉添加量下的混凝土各龄期抗压强度见表 6-6。

表 6-6　各种矿渣粉添加量下的混凝土各期龄抗压强度

类别	7 d 抗压强度/MPa			14 d 抗压强度/MPa			28 d 抗压强度/MPa			56 d 抗压强度/MPa		
	低	中	高	低	中	高	低	中	高	低	中	高
3H₁	7.87	8.24	13.23	8.86	15.35	18.48	13.42	21.59	22.59	18.35	21.16	22.17
3H₂	6.99	9.86	15.85	10.11	15.85	19.60	13.35	20.35	25.34	19.73	21.97	23.47
平均值	7.4	9.0	14.5	9.5	15.6	19.0	13.4	20.8	24.4	19.0	21.4	22.8
与28 d比/%	55.4	43.6	59.5	70.8	75.1	77.9	100.0	100.0	100.0	142.1	103.2	93.4
3L₁	11.49	13.73	15.48	12.98	15.60	20.59	17.35	20.35	19.85	19.47	21.29	25.84
3L₂	10.98	14.23	14.73	13.60	15.35	19.35	17.23	19.72	24.10	18.85	22.47	25.21
平均值	11.2	14.0	15.1	13.3	15.5	20.0	17.3	19.9	22.7	19.2	21.7	25.5
与28 d比/%	64.9	70.2	66.6	76.8	77.7	88.1	100.0	100.0	100.0	110.7	108.8	112.6
4H₁	9.74	9.36	18.73	10.86	19.85	24.09	16.42	26.78	29.96	18.10	25.72	27.96
4H₂	8.36	11.49	17.23	11.86	19.22	25.21	17.85	25.97	30.33	18.97	28.54	30.46
平均值	9.0	10.4	18.0	11.4	19.5	24.7	16.9	26.5	30.2	18.5	27.6	29.2
与28 d比/%	53.6	39.3	59.5	67.2	73.7	81.6	100.0	100.0	100.0	109.7	104.1	96.7
4L₁	12.11	14.60	19.22	15.85	19.35	23.97	17.47	23.10	23.22	22.10	22.16	29.71
4L₂	12.49	14.60	17.43	16.35	17.35	22.47	20.10	23.72	26.59	22.72	26.72	27.46
平均值	12.3	14.6	18.4	16.1	18.4	23.2	18.3	23.5	24.3	22.4	24.3	28.6
与28 d比/%	67.0	62.1	75.4	87.8	78.0	95.4	100.0	100.0	100.0	122.1	103.5	117.4
5H₁	9.49	15.35	21.84	13.48	23.97	28.09	19.85	30.86	36.20	27.46	24.72	35.70
5H₂	8.99	12.73	20.35	13.98	23.84	31.83	18.48	31.52	37.45	27.34	32.96	38.44
平均值	9.2	14.0	21.1	13.7	23.9	30.0	18.9	31.3	36.6	27.4	27.5	37.1
与28 d比/%	48.8	44.9	57.6	72.5	76.4	81.8	100.0	100.0	100.0	144.7	87.7	101.2
5L₁	14.60	17.60	19.85	17.97	23.35	27.71	22.16	28.78	31.08	27.96	27.96	33.83

续表 6-6

类别	7 d 抗压强度/MPa			14 d 抗压强度/MPa			28 d 抗压强度/MPa			56 d 抗压强度/MPa		
	低	中	高	低	中	高	低	中	高	低	中	高
5L$_2$	14.73	18.22	22.10	19.22	22.97	30.46	24.97	31.46	34.45	23.84	27.46	33.70
平均值	14.7	17.9	21.0	18.6	23.2	29.1	23.1	29.7	33.3	25.9	27.7	33.8
与 28 d 比/%	63.5	60.4	62.9	80.5	78.0	87.3	100.0	100.0	100.0	112.2	93.4	101.3
6H$_1$	12.98	21.22	30.21	16.85	32.20	41.07	22.84	38.58	41.57	24.97	28.21	32.58
6H$_2$	9.49	18.85	28.59	15.60	20.97	36.70	24.78	35.78	32.84	21.97	31.83	40.95
平均值	11.2	20.0	29.4	16.2	26.6	38.9	24.1	36.7	38.7	23.5	30.0	36.8
与 28 d 比/%	46.6	54.6	76.0	67.2	72.4	100.6	100.0	100.0	100.0	97.2	81.8	95.1
6L$_1$	21.22	23.84	29.83	25.72	28.96	39.70	29.85	38.70	42.20	34.20	41.94	31.96
6L$_2$	19.60	21.97	28.21	24.72	32.96	35.20	32.08	41.32	40.95	26.46	42.13	28.21
平均值	20.4	22.9	29.0	25.2	31.0	37.5	30.6	39.6	41.4	30.3	42.1	30.1
与 28 d 比/%	66.7	57.9	70.2	82.4	78.2	90.5	100.0	100.0	100.0	99.1	106.3	72.7

由与 28 d 抗压强度的比值可知,无论任何养护温度和任何强度系列的配比,高矿渣粉用量的早期强度成长比值(7 d 或 14 d)都比低矿渣粉用量的差。如果工作物需要混凝土有早强性能,要参考混凝土浇筑环境温度,设定配比的硅酸盐水泥率,不宜使用过多的矿渣粉、粉煤灰。尤其是工作物处在低温环境中,更要降低矿物掺合料的添加率。

硅酸盐水泥率表示硅酸盐水泥质量占胶凝材料总质量的百分比,即

$$硅酸盐水泥率 = \frac{硅酸盐水泥的质量}{硅酸盐水泥的质量 + 矿渣粉的质量 + 粉煤灰的质量} \times 100\% \quad (6\text{-}1)$$

五、试验结果分析

依表 6-6 中的各强度系列试验结果数据,作分析图形 6-4~6-7。

(1) 以 30 MPa 为目标的配比试验结果如图 6-4 所示。

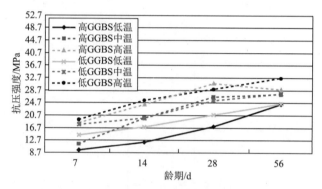

图 6-4　3 系列混凝土抗压强度展开

(2) 以 40 MPa 为目标的配比试验结果如图 6-5 所示。

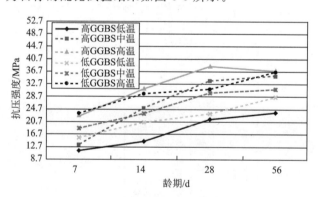

图 6-5　4 系列混凝土抗压强度展开

(3) 以 50 MPa 为目标的配比试验结果如图 6-6 所示。

(4) 以 60 MPa 为目标的配比试验结果如图 6-7 所示。

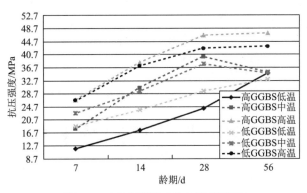

图 6-6 5 系列混凝土抗压强度展开

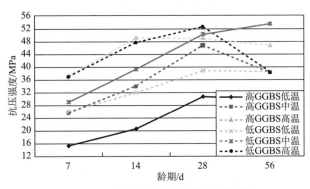

图 6-7 6 系列混凝土抗压强度展开图

六、结论

(1) 由图 6-4～6-7 各系列抗压强度点的分布状况可知,胶凝材料使用量越多,抗压强度就会因温差变动越大。各龄期差异值与配比总胶凝材料量的相关值见表 6-7。

表 6-7 各龄期差异值与配比总胶凝材料量的相关值

抗压强度/MPa	30	40	50	60
总胶凝材料量/(kg·m⁻³)	250～284	301～312	341～360	387～447
温差变动全距/MPa	6.89	10.34	13.79	17.24

在不同环境温度下作混凝土双掺配比设计,表 6-7 中的温差变动全距是需要考虑的,而对温度的变动量和抗压强度的定量关系,其数据可作为参考。

(2) 在高温养护时所有龄期的抗压强度皆相差不多,甚至高矿渣粉用量有较佳的趋势。

(3) 在中温养护时,除了 7 d 高矿渣粉量的抗压强度较差外,其他龄期的抗压强度表现差不多。

(4) 在低温养护时,所有龄期高矿渣粉量的抗压强度皆比低矿渣粉量的抗压强度低 3.45 MPa 以上。

(5) 由表 6-2～6-5 可得知,若 7 d 抗压强度达到 28 d 抗压强度的 60% 以上,则不论养护温度如何,配比中的硅酸盐水泥率须超过 70%。

(6) 按 28 d 的混凝土抗压强度设计,高温养护时高、低矿渣粉用量的抗压强度皆比中温养护时高 3.45 MPa 左右;在低温时硅酸盐水泥率越低,强度折损率越大。

(7) 气温在 20 ℃ 以下时,混凝土使用双掺的配比要特别注意硅酸盐水泥率至少为 70%。

第七章

高性能混凝土材料间填充的量化

第一节　混凝土组构材料间的填充关系

一、混凝土颗粒间的填充

混凝土由大大小小的颗粒组成,颗粒跨度从厘米级延伸到纳米级,是粒径跨度最大的一种材料。尺寸不同的颗粒分为粗骨料、细骨料、胶凝材料、液态材料四大类。在单位体积内,颗粒越大所形成的空隙率越大,反之,空隙率越小。然而,混凝土若全由细颗粒组成,所有细颗粒的总表面积就会相对增加,为维持原有的胶凝强度,胶凝材料的使用总量也需要增加。由第四章第一节中的配比用水量影响因素可知细骨料用量增加会大幅度降低混凝土的坍落度,这些都使得混凝土的单位成本增加,更会因失去"骨干"架构而失去抵抗外力的能力。

粗骨料的空隙由细骨料填充,细骨料的空隙由胶凝材料填充,胶凝材料的空隙由液态材料来填充。借助大小颗粒间的组构,不仅可以降低单位体积内的空隙率,更因大颗粒由次大颗粒包围,整体形成高效率的网络结构,在外力输入时,此大小颗粒组成的"骨干"共同承受传递,更多的颗粒分散外力的应力集中,大大提升了整体混凝土对外力的抵抗能力。

混凝土中包含 80％以上的粗、细骨料,要使这些粗、细骨料有好的填充效果,其尺寸分布就必须接近于富勒曲线,在这种连续级配分布下,大小颗粒才会有好的填充效果,这种材料间混合后对各粒径"质"的要求,是填充的基本要求。至于材料间的填充,则是材料间混合后对各粒径"量"的要求。虽然级配的要求随着材料颗粒粒径的增加而增加,但是不论材料粒径大或者小,填充的要求都是不变的。

二、填充的目的

填充就是减少材料间产生的空隙。单位体积内的空隙率越低,表示填充得越好,越能提升物质组合的致密性。要想达到致密性,除了填充要好之外,还须注意这些混合物所组成的总密度。填充性可用"实积率"这一物理量表示,混合物的总密度则是所有混合物质的密度乘以该物质含量的总和。所以,致密性就是填充实积率与其总密度的综合表征。

前面我们讲过,好的混凝土须具有工作性及安全性,某一额定用水量下,其余各种材料呈最致密的组合是混凝土满足这两项特性的基本条件。当材料的组合(骨架)选定之后,最重要的就是使材料间有最好的填充。

混凝土的性能是由组成原材料的共轭组构状态决定的。工作性是混凝土最具指导性的任务,新拌混凝土配比的首要目的是提供合适的工作性。具有良好连续级配,能形成最小空隙率的粗、细骨料与胶凝材料浆体间有良好的填充性,不仅能使混凝土达到最致密状态,具有一定的稠度,而且能使新拌混凝土有良好的工作性。

使混凝土中粗、细骨料颗粒具有良好的级配,以及连续级配数据化的依据在上一章中已充分说明。为使混凝土达到最致密的状态,我们将重点讨论骨料间和骨料与胶凝材料间的"定量化"填充。

三、混凝土组构材料的分类

1. 以原材料的物相分类

固态:大石、小石、粗砂、细砂、水泥、矿渣粉、粉煤灰。

液态:水、外加剂。

气态:空气。

2. 以原材料的颗粒大小分类

粗颗粒(粗骨料):为常用的大、小石组合,其粒径分布在 $25 \sim 5$ mm。

细颗粒(细骨料):为常用的粗、细砂组合,其粒径分布在 5 mm ~ 75 μm。

胶凝材料:含水泥、矿渣粉、粉煤灰、硅灰等,其粒径分布在 $100 \sim 0.4$ μm。

液态:水、外加剂,其粒径为分子粒径。

粗骨料中会有小部分细骨料,细骨料中也会有小部分粗骨料,故粗、细骨料以粒径 5 mm 为区分依据。细骨料中会有小部分粒径落在胶凝材料的范围内,胶凝材料中也有小部分粒径落在细骨料的范围内,故细骨料与胶凝材以粒径 75 μm 为区分依据。一般过 75 μm 筛网的细骨料被称为含泥(粉)量。

四、混凝土材料间相互填充的关系

混凝土的原材料除须具有良好的骨料颗粒级配外,还应有良好的填充。颗粒间的空隙又有次大颗粒填塞,如此大小的颗粒形成有效的网络堆积结构,不但能形成滚珠效应,增加混凝土的工作性,而且能增强抗压及抗剪能力。

大颗粒骨料(大石、小石)间的空隙由细骨料(粗、细砂)颗粒填塞,其间的空隙再由胶凝材料(水泥、矿渣粉、粉煤灰、硅灰、稻壳灰等)小颗粒填塞,剩下的空隙则由液体填塞,这种填塞若配置得当,混凝土不仅会有良好的工作性,而且能节省胶凝材料的用量,达到经济性的目的。图 7-1 所示,颗粒越大其空隙就越大,所以影响混凝土空隙率的主要因素是粗骨料、细骨料和胶凝材料之间的填充关系。混凝土中材料间的填充关系有三种:

(1)第一种填充。这种填充是以水为填充料,胶凝材料为基料,水填充胶凝材料的颗粒间隙形成水泥浆组合体,定量表示的物理量为水胶比(W/B)及水灰比(W/C)。胶凝材料与用水量的关系详见第二章。

(2)第二种填充。这种填充以水泥浆为填充料,细骨料为基料,即以水泥浆填充细骨料颗粒间隙形成砂浆组合体。

(3)第三种填充。这种填充是以砂浆为填充料,粗骨料为基料,即以砂浆填充粗骨料颗粒间隙形成混凝土组合体。

水在混凝土中的功能有:使胶凝材料发生化学反应;填充颗粒间的空隙;提供颗粒间的润滑作用。水在第一种填充中一定是过填充状态,受限于被设计混凝土的水胶比,配比设计须遵

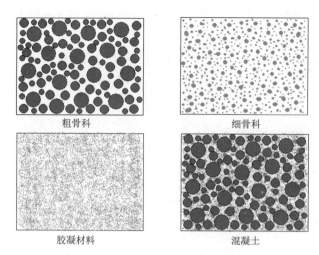

图 7-1 混凝土颗粒填充示意图

循此种填充。混凝土的抗压强度与水胶比成反比，混凝土强度越高需要的胶凝材料越多。混凝土强度由低到高，第二种填充是从填充不足到过填充，可以通过调整矿物掺合料及外加剂的用量，以胶凝材料填充集中化（低强度的多用，高强度的少用）来处理。第三种填充是混凝土中最大颗粒间的填充，也是三种填充中最重要的填充。在传统认知中，根据经验做第三种填充，以与细骨料细度模数有关的砂率为依据，遇有材料要求或环境变动时，就难以控制质量的稳定性。填充不足，组织结构不良，不但无法由适当的颗粒来传递力量，还会影响工作性；太过的填充稠性过大，需增加用水量，调整工作性，因而升高水胶比，增加成本，也增加了混凝土的体积变化率，降低了混凝土的耐久性。因此，如何避免填充不足和过度填充，是配比设计的关键。

第一种填充都是微细颗粒与水的填充，也是混凝土产生化学作用的原因，以物理填充的概念来定义并不能全部代表概括，而以 W/B 及 W/C 来说明较恰当。第二、三种填充为纯物理性质的，故有必要以一些物理量来定义其间的填充关系。

五、混凝土颗粒间填充的量化系数

1.粗骨料被填充的量化系数（粗积系数）

粗积系数是指混凝土中砂浆的总体积填充粗骨料所组成的空隙体积关系式，即

$$粗积系数 = \frac{砂浆体积}{粗骨料空隙体积} \tag{7-1}$$

此系数为混凝土第三种填充的代表参数，与砂率的物理意义类似，但不尽相同。砂率只是粗、细骨料间质量比的概念数值，并未考虑粗骨料被细骨料及胶凝材料填充的情形，对粗、细骨料在混凝土中的结构情况也无法做逻辑性的描述。

混凝土主要由粗、细骨料组成，有足够的细颗粒去填充粗骨料间的空隙，才足以形成粗颗粒间的滚动，反之，粗骨料颗粒间相互堆积、咬合，混凝土便失去了工作性。粗骨料为混凝土材料中最大的颗粒，其组成的空隙是影响混凝土工作性的主因，故此系数为判断混凝土工作性的重要定量参数。其数值越大表示料性越细，但是过大（过填充）就会造成用水量增加，水胶比变大，强度降低。但这个系数并不能绝对评估混凝土骨料本身结构的好坏，只能描绘出其间相互填充的关系，其数据大小对混凝结构的影响，可通过相关的试验来求证。

影响此系数的另一个重要因素为粗、细骨料的颗粒级配,颗粒间的级配越好,空隙体积就会越小,所需要的填充也越少。所以在混凝土配比设计时,不论粗、细骨料都希望能有两种以上的集料来做调配,这些集料可通过骨料单位重及空隙率试验找出其所组成的空隙体积。

2. 细骨料被填充的量化系数(细积系数)

细积系数是指细骨料组成的空隙体积与胶凝材料体积之比(胶凝材料填充细骨料间空隙的程度),即

$$细积系数=\frac{胶凝材料体积}{细骨料空隙体积} \tag{7-2}$$

此系数为混凝土第二种填充的代表参数。胶凝材料可以填充细骨料颗粒间的空隙,而细骨料间的空隙体积可通过骨料单位重及空隙率试验求得。细骨料颗粒间空隙体积的大小可由细骨料总用量和细度模数来调整,所以在富浆配比的设计中,须用细度模数较大的细骨料,以增加细骨料的总用量,使此系数不致过大。

配比受总胶凝用量(要求强度)的影响,会产生填充不足(贫浆)或过填充(富浆)的现象,通常以此数据大于或小于 1 来判断填充是否充足。

3. 砂浆体稠性的量化系数(稠性系数)

稠性系数是指砂浆体中粉细料体积与纯细骨料的体积比。粉细料体积包含细骨料中的泥、粉(过 75 μm 筛的颗粒)体积及胶凝材料体积,纯细骨料的体积是指 75 μm 以上的细骨料体积。稠性系数的表达式如下:

$$稠性系数=\frac{胶凝材料与细骨料中 75\ \mu m 以下颗粒的体积}{75\ \mu m 以上的细骨料体积} \tag{7-3}$$

稠性系数可以评估细骨料与胶凝材料的配合关系,量化砂浆体的稠性,是混凝土工作性的一个表征系数。稠性系数过大混凝土会过于黏滞,甚至沉重,失去工作性及泵送性;过小则混凝土砂浆就会粗涩、松散,失去流动性和稠性,产生泌水或析离现象。

此系数与细积系数皆为混凝土砂浆物性的数理参数,但是,细积系数着重于细骨料空隙被填充的量化数据,而稠性系数则着重于混凝土砂浆性质的量化数据。虽然过高的含泥粉量会使混凝土因过稠而失去工作性,但是因为成本的关系,不可完全靠胶凝材料量来实现混凝土的稠性,适度的含泥粉量是必要的,毕竟泥粉粒径是细骨料粒径的延伸,有微细粉填充的效果。

4. 粉煤灰填充细骨料的量化系数(粉煤灰填充系数)

粉煤灰为惰性胶凝材料,有小部分的胶凝作用,更主要的是作为细骨料的填充料,增加混凝土的组构效应,但其使用量有一定的限制,过少达不到填充效果,过多又会降低混凝土整体的组成密度。粉煤灰对细骨料填充的过程以量化的数据来描述,此数据的大小可通过粉煤灰与细骨料密度及空隙率试验求得。粉煤灰填充系数的表达式如下:

$$粉煤灰填充系数=\frac{粉煤灰的体积}{细骨料的空隙体积} \tag{7-4}$$

5. 与第二、三种填充相关的量化系数(粉粗系数)

粉粗系数是指胶凝材料和细骨料中 75 μm 以下颗粒的体积与粗骨料间的空隙体积之比(胶凝材料填塞粗骨料间空隙的程度),即

$$粉粗系数=\frac{细骨料中 75\ \mu m 以下颗粒与胶凝材料的体积}{粗骨料组成的空隙体积} \tag{7-5}$$

虽然从定义中看不出此系数有多重要的填充意义,但是此系数却为第三种填充及第二种

73

填充的复合系数。粗骨料组合空隙体积与粗积系数有关,而粉细料体积与细积系数及稠性系数有关,这些系数都是用来定额混凝土工作性的,所以粉粗系数为联结粗、细骨料及胶凝材料间组构的填充参数,它说明了混凝土固体材料间的组合关系。系数的大小可作为新拌混凝土稠性及粗、细的代表值,也可以说是混凝土成为什么"样子"的基因值。一般来说,此数据越大混凝土越富浆化或偏细化,反之,越贫浆化或偏粗化。

上述混凝土配比的五种基本评估系数,可成为描述混凝土所处状态的定位数据,但这些量化评估系数的数值大小对混凝土的相对性能(例如工作性、抗压强度等)描述并无固定的数据可循,且这些量化数据会随着各种原材料的不同而变化,我们可依混凝土产制单位所使用的原材料,设计好混凝土状态,以这些量化数据予以"定位"。

第二节　混凝土配比评估系数在配比中的应用

一、关于颗粒间空隙的填充

混凝土的各种评估系数都是关于颗粒间填充数据的量化。因为需要描述颗粒间的填充关系,所以系数的分子及分母皆为体积量。组成空隙体积或是颗粒体积的相关关系是用来评估混凝土组态是否致密的依据。

混凝土的颗粒组态有两个重要任务:一是使混凝土成为最致密的组态;二是颗粒间有滚珠效应,使混凝土有优良的工作性。颗粒的理想致密组态就是大颗粒中有小颗粒,小颗粒中又有更小的颗粒,假设颗粒都是理想的圆形,则可达成上述两种混凝土的组态要求,而实际上,混凝土的颗粒不可能是理想的圆形,所以虽然颗粒级配合乎最致密的组态,混凝土颗粒间的滚动也是有困难的,工作性自然不好。因此,只有扩大被填充颗粒间的空间(亦即降低被填充颗粒的使用量),才能满足混凝土工作性的要求。

混凝土组成材料按其颗粒大小分为粗骨料、细骨料和胶凝材料。在相同的空隙体积下,被填充颗粒的"活动度"差异很大。如图 7-2 所示,假设粗、细被填充颗粒有相同的空隙体积(两图体积相同),则在同样的工作性下,较粗的颗粒因有较明显的棱角而相互干涉,须有更多的空隙体积被填充。从工作性评估系数的方面看,粗积系数为粗骨料空隙体积被砂浆体积填充,细积系数为细骨料空隙体积被胶凝材料填充,所以新拌混凝土要有良好的工作性,其粗积系数要远大于1,而细积系数只要求在1以上即可。

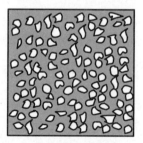

（a）较粗颗粒的填充　　　　　　　（b）较细颗粒的填充

图 7-2　混凝土中不同颗粒的填充

二、混凝土配比与评估系数间的关系

传统的混凝土配比设计都依一定的规范及步骤来执行,如此计算出来的混凝土配比为各种材料的一定的质量比,这些表面上的宏观数据,都是依材料特性加上一些经验值计算出来的,并无相关材料间的微观逻辑性结构,所以,当生产条件变动时,配比的调整就会变得毫无头绪。

配比评估系数再加入相关材料间的逻辑填充,可使材料间的微观性质得到量化,在配比设计或调整阶段有所依据,不再依"人为"的经验值去处理,以减少人为的失误。

高性能混凝土材料间的组成涵盖了第一种填充到第三种填充,也涵盖了组成颗粒的级配,表 7-1 列出了各种与混凝土配比相关的评估系数。

表 7-1 与混凝土配比相关的评估系数

配比评估项目	项 目 内 容	配比设计及相关试验
第一种填充	① 降低单位用水量及水泥浆量 ② 水固比(W/S)尽量低于 0.07 ③ 降低水胶比(W/B),但水灰(纯硅酸盐水泥)比(W/C)≥0.42 ④ 限制水泥的最高用量:设计强度(MPa)/0.137(MPa)	① 正确使用外加剂:使用强塑剂; ② 用水量及外加剂用量:砂浆试验; ③ 添加适量的矿物掺合料
第二种填充	① 细骨料级配 ② 粉煤灰添加率 ③ 矿渣粉添加率 ④ 细积系数≥1,但也不可过大 ⑤ 稠性系数≥0.5,但也不可过大 ⑥ 粉煤灰填充系数≥0.2,但也不可过大	① 细骨料颗粒级配趋近于理想的富勒曲线; ② 粉煤灰及砂混合的密度及空隙率试验; ③ 矿渣粉添加率及活性试验; ④ 总浆量集中化
第三种填充	① 粗、细骨料联合级配 ② 粗积系数≥理论粗积系数,但也不可过大 ③ 砂综合细度模数值与粉粗系数关系的量化	① 骨料颗粒级配趋近于理想的富勒曲线; ② 粗细度贫、富浆两极化

第三节 确定混凝土配比的五种评估系数

混凝土配比的五种评估系数是由组成原材料间的体积比计算出来的,所以设计者必须清楚原材料的密度、用量与体积间的关系。使用现用的原材料由试验求得粗、细骨料间的空隙体积的试验如下:

一、粗、细骨料的空隙率试验

1. 目的

(1) 筛分析只是了解混凝土骨料颗粒级配的分布情形,通过本试验可获得颗粒间的空隙。

(2) 测定粗、细或混合材料的单位体积重及材料间隙的体积,确定材料的组合比例及级配性质,经常作为混凝土配比设计中各种骨料用量的重要参考。

2. 使用的设备

(1) 标准量桶:不漏水,坚实的铁桶,其规格见表 7-2。

表 7-2　骨料标准量桶规范

最大粒径/mm	容积/L	量桶规格		桶壁厚度/mm	底板厚度/mm	量桶规格出处
		内径/mm	净高/mm			
4.75	1	108±1	109	2.5	5.0	GB/T 14684—2011
4.75	3	155±2	160	2.5	5.0	JTG E42—2005
4.75,9.5	5	186±2	186	2.5	5.0	GB/T 50080—2002
9.5,16.0,19.0,26.5	10	208±3	294	2.5	5.0	GB/T 14685—2011
31.5,37.5	20	294±5	294	3.0	5.0	GB/T 14685—2011
53.0,63.0,75.0	30	360±5	294	4.0	5.0	GB/T 14685—2011

(2) 捣棒:$\phi 16$ mm 圆形钢棒,长 60 cm,一端呈半圆球状。

(3) 电子秤:称量范围≥20 kg,精度±0.01 kg。

(4) 砂铲及相关容器。

(5) 烤箱或炒锅。

3. 材料

混凝土用粗、细骨料。

4. 定义及说明

(1) 骨料单位质量是指单位容积的骨料质量,其影响因素有:① 骨料的密度;② 颗粒级配;③ 颗粒形状、圆滑度;④ 含水率;⑤ 被压实程度。

(2) 骨料颗粒的组态越细,表面积越大,越容易含水,对骨料单位体积质量的影响越大。

(3) 容器形状与大小对骨料单位体积质量的影响,视其是否容易捣实而异,如使用 V 字形的大容器时,骨料易填紧,空隙少,单位体积质量自然就会增加。

(4) 骨料的体积包括骨料实体积与骨料间孔隙所占的体积。所谓骨料的实体积即骨料除了骨料间的空隙外,骨料颗粒所占的实有体积。实体积所占某一体积的百分率即为实体积率简称实积率,同理可知空隙率即为骨料间空隙体积所占全体积的百分比。其间的关系以图 7-3 说明。图中的浅灰色代表骨料颗粒的总体积,深灰色代表骨料颗粒间的空隙体积。总体积为浅灰色与深灰色之和。骨料实积率为浅灰色占总体积的比。骨料空隙率为

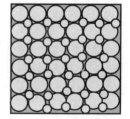

图 7-3　实积率与空隙率的关系

深灰色占总体积的比。

（5）骨料颗粒大小越均匀，其空隙率越大，而大小颗粒混杂时，空隙率减少。一般砂的空隙率为 $30\%\sim45\%$，石子的空隙率为 $35\%\sim50\%$，骨料粗细粒度合理，级配组合良好，空隙率可降低至 25% 以下。

（6）孔隙率小的骨料用于混凝土时，其组成密度较大，可减少混合用水量及水泥砂浆体用量，以增加混凝土的强度、耐久性、密度及抗磨损性，同时其透水性及吸水性也可减少。

5.粗、细骨料试验

（1）粗骨料。

① 配比中两种粗骨料的比例为 $0\%\sim100\%$，以每 10% 为一水平（或至少取五个以上的配合水平）作为试验的操纵变因，两种粗骨料的混合比例见表 7-3。

表 7-3　粗骨料两种颗粒试验规划

| A骨料 | 100% | 90% | 80% | 70% | 60% | 50% | 40% | 30% | 20% | 10% | 0% |
| B骨料 | 0% | 10% | 20% | 30% | 40% | 50% | 60% | 70% | 80% | 90% | 100% |

② 根据表 7-3，进行样本量的计算、取样及混合操作。

（2）细骨料。

① 细骨料分为粗砂、细砂两种，两种砂必须满足综合细度模数在 $2.3\sim3.0$ 的分布。

② 配比中两种砂的细度模数为 $2.3\sim3.0$，以每 0.1 模数为一水平（或至少需取五个以上的配合水平）作为试验的操纵变因。

③ 根据表 7-3，进行样本量的计算、取样及混合操作。

6.试验步骤

（1）标准量桶容积的校正。

① 称量标准容积升与玻璃盖板（须大到足以盖满标准容积升口）的总质量，并将电子秤读数归零。

② 在容积升内注入清水至溢出为止，盖上玻璃盖板，擦干容积升外部，放回电子秤上称取质量即可求得容积升的容积。

（2）将试样放置于 $(110\pm5)\,℃$ 下烘干至恒重或烘干 24 h，取出冷却至常温后使用。

（3）单位质量的测定

① 先将标准容积升放在电子秤上，将电子秤的读数"归零"。

② 试样分三次装入容积升，每次 1/3 并以手整平，再用捣棒全面均匀地夯击表面 25 次，夯击深度以达到该层深度为止。

③ 最上一层夯实后以捣棒或刮尺刮平。

④ 称量装满骨料的标准容积升，即为试样的净重。

⑤ 每次的样本按上述步骤重复三次以上，求其平均值。

7.计算公式

因本试验皆在骨料烘干（OD）状态下进行，故以下计算皆以干燥样品为基准：

$$干密度 = \frac{试样质量}{标准量桶的容积} \tag{7-6}$$

$$骨料实积率 = \frac{干骨料体积}{标准容量升的体积} = \frac{干密度}{骨料干容积密度} \qquad (7\text{-}7)$$

$$骨料孔隙率 = 1 - 骨料实积率 = 1 - \frac{干密度}{骨料干容积密度} \qquad (7\text{-}8)$$

骨料干容积密度可通过粗骨料密度、含水率、面干内饱和表面水率试验求得。

8.试验分析与判断

(1)空隙率大小可判断骨料级配的致密性,最好同时做该试样的颗粒筛分析,共同判定骨料的堆积效果。

(2)粗骨料试验结果以大石(或小石)百分比为变量,分别以空隙率及实积率为应变量,作散点图,并求出回归方程式,应用于配比试算。

(3)细骨料试验结果以细度模数为变量,分别以空隙率及实积率为应变量,作散布图,并求出回归方程式,应用于配比试算。

(4)将重复试验的结果值进行变异数分析,充分了解变动的显著性。

二、粗、细骨料空隙率试验结果分析

1.粗骨料筛分析

根据骨料筛分析试验结果,分别按大、小石比例计算混合过筛率,结果列于表7-4,并作成分析图7-4。

表 7-4　大、小石不同比例过筛值

筛号/mm	混合过筛百分比/%							25 mm 规范	
小石/大石	100	80	60	50	40	20	0	下限值/%	上限值/%
37.5	100	100	100	100	100	100	100	100	100
25	100	99.91	99.82	99.78	99.74	99.65	99.56	95	100
19	100	98.66	97.31	96.64	95.97	94.62	93.28		
12.5	88.82	71.45	54.08	45.4	36.72	19.35	1.98	25	60
9.5	61.08	48.89	36.7	30.61	24.51	12.32	0.13		
4.75	2.79	2.24	1.69	1.41	1.14	0.59	0.04	0	10
2.36	1.61	1.29	0.97	0.81	0.65	0.32	0	0	5

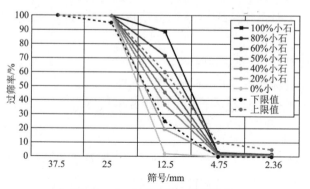

图 7-4　大、小石不同比例筛分析

由图 7-4 可知,两种粗骨料混合后,符合最大粒径 25 mm 系列规范的组合比为 60/40～40/60(小石/大石)。

2.粗骨料空隙率及密度试验

依骨料空隙率及密度试验的结果,分别按大、小石比例计算混合密度及实积率,结果列于表 7-5,并作成分析图 7-5。

表 7-5　大、小石不同比例密度试验结果

小石/大石/%	100/0	90/10	80/20	70/30	60/40	50/50	40/60	30/70	20/80	10/90	0/100
样本 1/g	14.38	14.692	14.892	14.992	15.412	15.272	15.392	15.402	15.272	15.192	14.742
样本 2/g	14.39	14.692	15.042	14.992	15.392	15.412	15.292	15.342	15.292	15.291	14.872
样本 3/g	14.41	14.792	15.092	14.992	15.382	15.412	15.342	15.392	15.342	15.292	14.692
平均值/g	14.39	14.725	15.009	14.992	15.395	15.365	15.342	15.379	15.302	15.225	14.769
密度/(g·mL^{-1})	1.483	1.517	1.546	1.544	1.586	1.583	1.581	1.584	1.576	1.568	1.521
实积率	0.577	0.590	0.602	0.601	0.617	0.616	0.615	0.616	0.613	0.610	0.592
大石/%	0	10	20	30	40	50	60	70	80	90	100

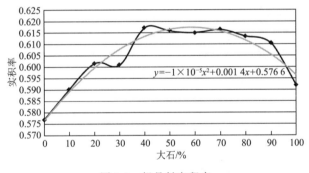

图 7-5　粗骨料实积率

试验用容积升体积的标定结果为 9.707 L,大、小石的干密度为 2.57 g/cm^3。

(1)由图 7-4 及图 7-5 可知,两种粗骨料的混合比例越靠近级配规范中心,越能得到密致的级配组合。

(2)由图 7-5 可知,由两种粗骨料(本例为大石及小石)组成的实积率回归方程式为:实积率 $= -1.0 \times 10^{-5} \times ($大石%$)^2 + 0.001\,4 \times ($大石%$) + 0.576\,6$。

(3)由配比使用的大石百分比和由实积率方程式推算出粗骨料组成的空隙体积,粗骨料组成的空隙体积即为配比评估系数的计算基础。

3.细骨料筛分析

依骨料筛分析试验结果(表 7-6),分别按粗、细砂混合后的细度模数计算混合过筛率,结果列于表 7-7,并作成分析图 7-6。

表 7-6 骨料筛分析试验结果

试验目的								样本量:约 600 g		
试验时间		试验人员		粗砂分配比率/%	86.31	细砂分配比率/%	13.69	综合细度模数		2.70
样品名称	粗　砂				细　砂			混合后过筛值	规　范	
筛　号	累积留筛		过筛值	混合比	累积留筛	过筛值	混合比		下限值	上限值
mm	g	%	%	%	g	%	%	%	%	%
9.5	0.00	0.00	100.00	86.31	0.00	0.00	100.00	13.69	100.00	100	100
4.75	28.90	3.50	96.50	83.29	0.00	0.00	100.00	13.69	96.98	95	100
2.36	248.80	30.14	69.86	60.30	0.00	0.00	100.00	13.69	73.99	80	100
1.18	381.90	46.26	53.74	46.39	0.00	0.00	100.00	13.69	60.07	45	80
0.6	486.20	58.89	41.11	35.48	1.30	0.25	99.75	13.65	49.13	25	60
0.3	602.70	73.00	27.00	23.30	32.30	6.23	93.77	12.83	36.14	10	30
0.15	744.20	90.14	9.86	8.51	322.30	62.17	37.83	5.18	13.69	2	10
0.075	800.00	96.90	3.10	2.68	484.20	93.40	6.60	0.90	3.58	0	5
底　盘	825.60	100.00	0.00	0.00	518.40	100.00	0.00	0.00	0.00		
细度模数	3.019		2.606		0.687		0.094	2.70		
含泥量 %	3.100		2.680		6.600		0.900	3.58		

表 7-7 不同砂细度模数过筛

筛号/mm	不同细度模数砂的过筛率/%								规范值	
	2.4	2.5	2.6	2.7	2.8	2.9	3.0	3.019	下限/%	上限/%
9.5	100.00	100.00	100.00	100.00	100.00	100.00	100.00	100.00	100	100
4.75	97.43	97.28	97.13	96.98	96.83	96.68	96.53	96.50	95	100
2.36	77.86	76.57	75.28	73.99	72.70	71.41	70.11	69.87	80	100
1.18	66.02	64.04	62.03	60.07	58.09	56.11	54.12	53.75	45	80
0.6	56.68	54.16	51.65	49.13	46.62	44.11	41.59	41.12	25	60
0.3	44.72	41.86	39.00	36.14	33.27	30.41	27.55	27.01	10	30
0.15	17.28	16.09	14.89	13.69	12.49	11.29	10.09	9.86	2	10
0.075	4.03	3.88	3.73	3.58	3.43	3.28	3.13	3.10	0	5
底　盘	0.00	0.00	0.00	0.00	0.00	0.00	0.00	0.00		

（1）粗砂为机制砂,细砂为天然砂。

（2）由图 7-6 可知,试验用细骨料级配皆呈现粗颗粒与细颗粒过多的现象。在骨料细度模数 2.7 以上较符合细骨料级配规范。

4. 细骨料空隙率及密度试验

用粗、细砂混合后的试验样本依骨料空隙率及密度试验结果,计算其混合密度及实积率,结果列于表 7-8,并作成分析图 7-7。

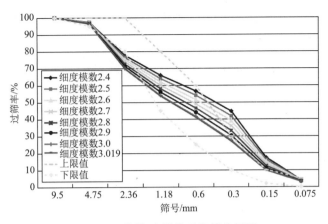

图 7-6　不同细度模数砂的筛分析图

表 7-8　不同细度模数砂密度试验

样本 ＼ 细度模数	2.4	2.5	2.6	2.7	2.8	2.9	3.0	3.019
1	1 949.3	1 946.9	1 966.8	1 974.6	1 982.1	1 991.6	1 991.2	1 978.6
2	1 939.0	1 950.5	1 966.2	1 973.5	1 979.8	1 986.9	1 986.7	1 976.5
3	1 939.1	1 953.1	1 962.9	1 976.5	1 984.3	1 992.9	1 988.2	1 977.5
4	1 938.4	1 951.3	1 970.8	1 978.9	1 980.6	1 981.1	1 990.8	1 962.7
5	1 945.2	1 946.4	1 962.8	1 974.1	1 994.8	1 991.4	1 996.5	1 973.8
平均值/g	1 942.2	1 949.64	1 965.9	1 975.52	1 984.32	1 988.88	1 990.68	1 973.82
密度/(g·mL^{-1})	1.776 94	1.783 75	1.798 63	1.807 43	1.815 48	1.819 65	1.821 30	1.805 87
细砂率	0.265 44	0.222 56	0.179 67	0.136 79	0.093 91	0.051 03	0.008 15	0.000 00
实积率	0.694 73	0.697 20	0.702 83	0.706 08	0.709 03	0.710 47	0.710 93	0.704 87
R 值	10.9	6.7	8	5.4	15	11.8	9.8	15.9
$\overline{R}$	10.44	$\overline{R}/D_4 = 22.06$(试验值皆在范围之内)						

注：表中密度、细砂率、实积率等计算的基本数据：粗砂细度模数 3.019；细砂细度模数 0.687；粗砂干密度 2.562 g/cm^3；细砂干密度 2.546 g/cm^3；粗砂松散密度 1.806 g/cm^3；细砂松散密度 1.544 g/cm^3；试验用量桶体积的标定为 1 093 mL。

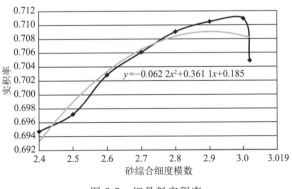

$$y = -0.062\ 2x^2 + 0.361\ 1x + 0.185$$

图 7-7　细骨料实积率

（1）机制粗砂与天然砂混合后，密度与实积率皆与综合细度模数成正比，在相关条件下尽量使用高细度模数的砂。

（2）机制砂（细度模数为3.0）大部分颗粒呈不规则的棱角形，彼此间有较多的空隙。单独使用时，密度与实积率皆大幅下滑，所以配比设计应避免。

（3）粗、细砂混合后综合细度模数与其实积率的回归方程式为：实积率＝－0.062 2×（细度模数）^{2}＋0.361 1×细度模数＋0.185。

（4）使用粗、细砂的细度模数由实积率方程式可推算出细骨料的空隙体积，以作为配比评估系数的计算基础。

（5）不同的细骨料级配会有不同的实积率方程式。根据级配不同建立不同的实积率方程式，在混凝土生产中是有必要的。

第八章

骨料与胶凝材料的填充

第一节　混凝土材料间填充的特性

一、混凝土的致密性

混凝土工作性及强度的产生主要靠两种机制的作用：

第一种机制是胶凝材料的胶结作用，此为混凝土强度发生的主要作用。混凝土主要的胶结作用由水泥、矿渣粉（半水泥）经水化作用后产生，其次由粉煤灰、硅灰及稻壳灰的晚期矿物掺合料作用而产生。

第二种机制是材料级配的填充作用。混凝土的原材料首先要有良好的颗粒级配，其次，彼此间还要有良好的填充，大小颗粒间不但能形成滚珠效应，增加新拌混凝土的工作性，还能形成有效的网络堆积结构，增强硬化混凝土的抗压及抗剪能力。材料级配的填充作用主要是使材料组构有致密性，而要达到致密性则要满足两个条件：

（1）所有材料间的填充效果必须使其组成的总空隙率最小，即材料单位体积内有最大的实积率，所以，粒料尺寸须符合连续级配。

（2）不同材料组成的比例必须使其组合密度最大化。

虽然非连续级配骨料通过适当的组合也能达到密度最大化，但是连续级配骨料的空隙率最小，使用的胶凝材料最少。连续级配虽非组合密度最大化的必要条件，却是最佳条件。骨料与胶凝材料间的填充情况可通过五种评估系数定量评估。材料间有好的填充率，并不一定代表其总密度是最佳的，因为若以低密度的物质作为填充料，虽有良好的填充率，但其总密度却是下降的。混凝土固态原材料中，粉煤灰的密度最低，所以有必要先讨论粉煤灰与其他材料的填充。

二、各种原材料的密度

混凝土是由多种物质（骨料、水泥、矿物掺合料、外加剂、水及空气等）混合而成的，故混凝土的密度可由下式计算：

混凝土的密度＝骨料密度×骨料体积比＋水泥密度×水泥体积比＋矿物掺合料密度×矿
　　　　　　　物掺合料体积比＋外加剂密度×外加剂体积比＋水密度×水体积比＋空
　　　　　　　气密度×空气体积比　　　　　　　　　　　　　　　　　　　　　（8-1）

式(8-1)中各种原材料的密度见表8-1。

表 8-1　混凝土原材料的密度

材　料	粗骨料	细骨料	水　泥	矿渣粉	粉煤灰	硅　灰	稻壳灰	水	外加剂	空　气
密度/(g·cm⁻³)	2.58~2.65	2.55~2.62	3.15	2.91	2.15	2.09	2.10	1.0	1.02~1.22	0

将表 8-1 的混凝土原材料密度代入式(8-1)，即可计算出混凝土的密度。粗、细骨料约占混凝土总量的 80%，对混凝土的密度有重要影响。水及空气皆为低密度物质，故混凝土的用水量及含气量越低越佳。粉煤灰、硅灰及稻壳灰等矿物掺合料(因三者密度接近，且最便宜也最易取得，故以下皆以常用的粉煤灰代表)的加入是有负面影响的，而水泥、矿渣粉的含量越高越好。因混凝土必须有适当的工作性，故用水量不可能无限制地减少，骨料使用量也不能无限制地增加，又因经济、环保因素，水泥用量也不可能无限增加，所以在额定的用水量及空气含量下，粉煤灰在混凝土中的用途是非常特殊的。

三、粉煤灰(或石粉)与骨料间的填充量化

粉煤灰本身对混凝土的晚期强度有一些帮助，但对混凝土的组成密度有负面影响。骨料是粒料，粒料间存在空隙是混凝土密度降低的主要原因。以粉煤灰作为极细粒料去填充细骨料间的空隙，以增加密实度，对混凝土是有正面影响的，所以粉煤灰在混凝土中的填充作用大于胶凝作用。

颗粒材料组合体之间的填充作用可利用实积率及密度两个物理量作为评估量化的依据。实积率不足的组合体，因材料颗粒间有空隙存在，所以密度一定不足，致密性不好；实积率够大的组合体，材料颗粒间的空隙较少，其密度视填充料与基材的密度而定。填充料的密度大于基材密度时，实积率越大则组合体的致密性越佳；反之，组合体的致密性会因填充料而降低。填充料(粉煤灰，密度约为 2.1 g/cm³)的密度比基材(粗、细砂，密度约为 2.6 g/cm³)的低，所以混凝土的强度与粉煤灰的添加量和细骨料的使用量有着密不可分的关系。

粉煤灰属于惰性的胶凝材料，对混凝土强度的发展有较大的变异风险，所以随着混凝土强度的增加必须降低其使用量。粉煤灰添加率随混凝土强度的增加而递减，细骨料在混凝土中的使用量也正好要随着混凝土强度的增加而递减，所以粉煤灰在混凝土中的添加率可以定义为粉煤灰的质量与细骨料、粉煤灰组合体的总质量之比，其表达式如下：

$$粉煤灰添加率 = \frac{粉煤灰的质量}{细骨料的质量 + 粉煤灰的质量} \times 100\% \tag{8-2}$$

第二节　粉煤灰在混凝土中的填充试验

一、粉煤灰活性试验

1. 试验内容

以硅酸盐水泥 500 g、标准砂 1 375 g、水 355 g 配制对比砂浆；水泥 250 g、粉煤灰 250 g、标准砂 1 375 g、水 355 g 配制试验砂浆 A；水泥 250 g、标准砂 1 375 g、水 355 g 配制试验砂浆 B，分别做胶凝材料活性试验，由活性值可分析粉煤灰在混凝土中所发挥的特性。

2. 试验结果

将试验所得的粉煤灰活性值列于表 8-2。

表 8-2　粉煤灰活性值

龄　期	试验砂浆 A(水泥、粉煤灰各半)		试验砂浆 B(水泥一半,无粉煤灰)	
	试验值/%	平均值/%	试验值/%	平均值/%
7 d	45,33.5	39.3	17.6,16.1	16.9
14 d	37.5,39.7	38.6	18.4	18.4
28 d	53.1,43.9,44.2,48.8,38.5,46.2	45.8	20.2,20.3,21.4	20.6
56 d	63.8,57.1	60.4	22.4	22.4

3.结果讨论

以上两组试验的主要目的是对比粉煤灰的作用,由表 8-2 的试验结果可知:

(1)砂浆 A 的活性从 7 d 的 39.3% 到 14 d 的 38.6%,再到 28 d 的 45.8%,可见粉煤灰在 14～28 d 开始产生胶结作用。56 d 后的活性成长为 60.4%,是由于粉煤灰的矿物掺合料作用。

(2)比较砂浆 A 与砂浆 B 在各龄期的活性值,加粉煤灰的混凝土强度高于不加的,强度成长率在后期也要高。

(3)14 d 之前,砂浆 B 稍有增长,砂浆 A 无增长。不论 7 d 或 14 d,砂浆 A 的活性都比砂浆 B 好很多,所以粉煤灰在混凝土中除了对后期强度有胶结作用之外,早期强度部分也有堆积填充的效果。

由上述简易试验可知,粉煤灰的填充作用不仅能增加混凝土的强度,也能提供工作稠性。

二、细骨料与粉煤灰的填充关系试验

混凝土的粒料填充可以用实积率及密度两个物理量来量化描述,以 GB/T 14684—2011 中的堆积密度与空隙率为试验依据,做细骨料与粉煤灰混合料的该项试验。

1.试验内容

(1)记录试验用的粗、细砂及粉煤灰的来源及基本数据。

(2)取足够的粗、细砂及粉煤灰试验样本。

(3)试验内容。

① 粉煤灰的添加率为 0%～12%,至少选五个以上的水平,作为操纵变因。

② 依粗、细砂的细度模数调配砂的综合细度模数值(由上述计算的粗、细砂分配率决定两者的质量关系)为 2.4～3.0,至少选五个以上的水平,作为操纵变因。

③ 以砂、灰混合料的密度为试验的应变变因。

④ 对两种操纵变因的组合做 25 次以上的试验。

⑤ 每次试验依干砂、粉煤灰混合作业标准算出试验需求的总样本量,并计算好每次试验的材料样本量,用混合好的试样做试验。

⑥ 依骨料密度及空隙率(实积率)试验标准做出砂、灰各种组合之下的密度。

⑦ 将试验结果的各密度转化成实积率,并分别以密度及实积率为因变量,砂细度模数及粉煤灰添加率为自变量做相关数值表。

2. 试验数据分析

（1）由粗、细砂细度模数与各水平砂的综合细度模数，依公式算出粗、细砂分配率分别乘以粗、细砂过筛率，以试验中各水平砂的综合细度模数为自变量，混合过筛率为因变量作出所有的筛分析曲线，用以分析各水平砂综合细度模数下的颗粒分布状况。

（2）依上述密度试验所得数值，分别以密度及实积率为因变量，砂细度模数及粉煤灰添加率（F%）为自变量，作散点曲线图，找出密度及实积率的最高点。

（3）以密度及实积率为应变量，砂细度模数及粉煤灰添加率（F%）分别为操纵变因作散点曲线图（共四个图形）。

（4）在未添加粉煤灰的情况下，以试验中各水平砂的综合细度模数为自变量，混合物实积率为因变量，作成散点曲线图，并求出其回归方程式。该回归方程式可作细积系数计算用，也可以了解粗、细砂各种配合的颗粒堆积效果。

3. 试验结果及分析

（1）试验用粗、细砂的筛分析结果列于表 8-3。

表 8-3　试验用砂筛分析

试验目的									样本量：约 600 g		
试验时间		试验人员		粗砂分配比率/%	100.00	细砂分配比率/%		0.00	综合细度模数		2.87
样品名称		粗　　砂				细　　砂			混合后的过筛值	规　范	
筛　号		累积留筛	过筛值	混合比	累积留筛	过筛值	混合比		下限值	上限值
mm	g	%	%	%	g	%	%	%	%	%	%
9.5	0.00	0.00	100.00	100.00	0.00	0.00	100.00	0.00	100.00	100	100
4.75	8.20	0.99	99.01	99.01	0.20	0.04	99.96	0.00	99.01	95	100
2.36	215.00	26.09	73.91	73.91	2.90	0.58	99.42	0.00	73.91	80	100
1.18	372.90	45.24	54.76	54.76	4.50	0.90	99.10	0.00	54.76	50	85
0.6	481.90	58.47	41.53	41.53	6.00	1.20	98.80	0.00	41.53	25	60
0.3	582.10	70.63	29.37	29.37	16.50	3.31	96.69	0.00	29.37	10	30
0.15	727.90	88.32	11.68	11.68	177.00	35.51	64.49	0.00	11.68	2	10
0.075	800.00	97.06	2.94	2.94	441.90	88.65	11.35	0.00	2.94	0	5
底　盘	824.20	100.00	0.00	0.00	498.50	100.00	0.00	0.00	0.00		
细度模数		2.87		2.87		0.41		0.00	2.87		
含泥量/%		2.94		2.94		11.35		0.00	2.94		

（2）由粗、细砂筛分析结果分别计算在各种混合砂综合细度模数下的过筛率，结果列于表 8-4。

表 8-4 不同细度模数砂的过筛率

细度模数 筛号/mm	过筛率/%					
	2.4	2.5	2.6	2.7	2.8	2.87
9.5	100.00	100.00	100.00	100.00	100.00	100.00
4.75	99.19	99.15	99.11	99.07	99.03	99.01
2.36	78.76	77.72	76.68	75.64	74.60	73.91
1.18	63.18	61.38	59.57	57.76	55.95	54.76
0.6	52.41	50.08	47.75	45.41	43.08	41.53
0.3	42.17	39.42	36.68	33.93	31.19	29.37
0.15	21.72	19.57	17.41	15.26	13.11	11.68
0.075	4.54	4.19	3.85	3.51	3.16	2.94
底 盘	0.00	0.00	0.00	0.00	0.00	0.00

（3）将表 8-4 中的数据分别以筛号及过筛率为横坐标和纵坐标作成级配分析图 8-1。

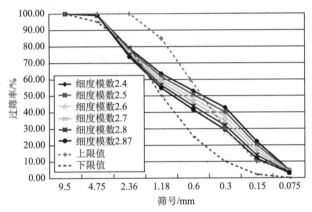

图 8-1 不同细度模数砂的筛分析图

由图 8-1 可知试验用砂的级配特性，其中 2.36 mm 以上过筛率偏低，0.6 mm 以下过筛率偏高。

（4）将上述试验用砂与粉煤灰，分别以骨料细度模数及粉煤灰添加率为操纵变因，以各水平做骨料密度、实积率试验，将试验结果列于表 8-5。

表 8-5 砂与粉煤灰混合密度试验

粉煤灰 百分比	砂细度模数	2.4	2.5	2.6	2.7	2.8	2.87
	细砂率	0.191 1	0.150 4	0.109 8	0.069 1	0.028 5	0.000 0
0%	密度/(g·mL⁻¹)	1.792 5	1.803 3	1.804 0	1.813 0	1.810 6	1.731 3
	实积率	0.700 49	0.704 53	0.704 63	0.707 95	0.706 84	0.675 76
2%	密度/(g·mL⁻¹)	1.844 3	1.826 9	1.843 4	1.850 2	1.857 9	1.838 2
	实积率	0.723 87	0.716 87	0.723 16	0.725 67	0.728 50	0.720 62
5%	密度/(g·mL⁻¹)	1.850 4	1.855 9	1.881 2	1.875 2	1.869 1	1.871 7
	实积率	0.731 02	0.733 01	0.742 85	0.740 28	0.737 69	0.738 61

续表 8-5

粉煤灰百分比	砂细度模数	2.4	2.5	2.6	2.7	2.8	2.87
	细砂率	0.191 1	0.150 4	0.109 8	0.069 1	0.028 5	0.000 0
7%	密度/(g·mL⁻¹)	1.859 7	1.852 9	1.887 0	1.901 3	1.907 9	1.913 3
	实积率	0.737 88	0.734 99	0.748 35	0.753 84	0.756 27	0.758 29
9%	密度/(g·mL⁻¹)	1.862 3	1.862 9	1.882 7	1.905 3	1.902 9	1.898 8
	实积率	0.742 08	0.742 17	0.749 87	0.758 70	0.757 58	0.755 82
11%	密度/(g·mL⁻¹)	1.845 7	1.834 4	1.846 2	1.878 9	1.874 0	1.878 8
	实积率	0.738 64	0.733 93	0.738 49	0.751 39	0.749 28	0.751 07
砂含泥量/%		4.62	4.28	3.94	3.61	3.27	2.94

（5）试验结果以密度为分析对象，先以双因子变异数分析（无重复试验）各因子水平间是否存在明显差异。

结果表明：两因子水平间有明显差异，即细骨料细度模数及粉煤灰添加率对其组合体的致密性是有明显影响的，下面分别以两因子的水平变动作图 8-2～8-5 进行分析，以了解其影响。

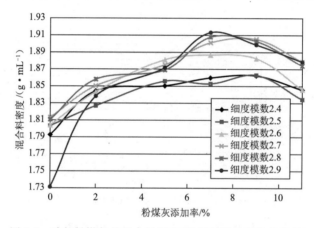

图 8-2　砂与粉煤灰的混合料密度（粉煤灰添加率为自变量）

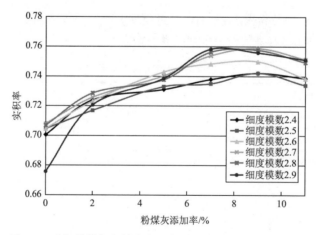

图 8-3　砂与粉煤灰的混合实积率（粉煤灰添加率为自变量）

由图 8-2 可知,混合料密度在砂细度模数为 2.7～2.9、粉煤灰添加率为 7％～9％时有最大值。由图 8-3 可知,混合料实积率在砂细度模数为 2.7～2.9、粉煤灰添加率为 7％～11％时为最大区域,且随粉煤灰添加率的增加而增大。

粉煤灰使用率的最佳点,可利用表 8-5 的数据以砂细度模数为自变量,密度及实积率为因变量分别作图 8-4 及图 8-5。由图 8-4 可知,任何砂细度模数下,混合料密度在粉煤灰添加率为 7％～9％时都具有最大值。由图 8-5 可知,任何砂细度模数下,混合料实积率都随着粉煤灰添加率的增加而增大。

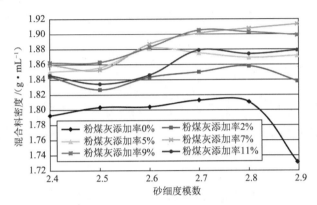

图 8-4　砂与粉煤灰的混合料密度(细度模数为自变量)

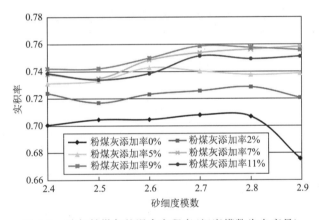

图 8-5　砂与粉煤灰的混合实积率(细度模数为自变量)

当细骨料以粉煤灰作为填充料时,可有如下结论:

① 在混凝土的组成材料中,粉煤灰具有良好的填充性质(填充实积率与粉煤灰添加率成正比)。

② 由图 8-3 可知,粉煤灰填充实积率随填充率的增大而增加,但由图 8-2 可知,达到一定量的填充率(7％～9％)时,粉煤灰的填充密度会降低,此填充特性是配比使用粉煤灰添加率的重要依据。

③ 图 8-2～8-5 都可以说明,砂越粗需要的粉煤灰填充率越高。

④ 粉煤灰虽然对混凝土有优良的填充性,但是过量使用反而使混凝土的密度下降(在粉煤灰添加率超过 9％时,密度与粉煤灰添加率成反比)。

⑤ 粉煤灰在混凝土中的添加原则:细骨料细度模数须调整在 2.7 以上,粉煤灰的最佳添加率为细骨料使用量的 7％～9％。

⑥ 粉煤灰在混凝土中有三种效应：细微的颗粒性，对填充有微集料效应；颗粒大部分呈球形，对工作性有形态效应；有少部分的矿物掺合料反应发生，强度有活性效应。

第三节　粉煤灰添加率对抗压强度的影响

上一节中的细骨料与粉煤灰混合试验是为了研究两种材料间的填充关系而进行的。在混凝土配比中，粉煤灰的添加率对抗压强度的影响必须在固定的工作性（相同的坍落度）之下，用其 28 d 的抗压强度加以验证。

一、试验内容及结果数值

（1）计算出实际混凝土配比及其五种评估系数，取砂浆配比作为试验依据。

（2）以中浆量（总胶结量约 300 kg/m³）为试验配比，每次样本做 5 cm×5 cm×5 cm 六个方块试体，测试 28 d 抗压强度。

（3）试体常温下用水养护。

（4）粉煤灰添加率的试验范围为 0%～14%。

试验内容及结果见表 8-6。

表 8-6　不同粉煤灰添加率（F%）的强度试验

F%	0	3	5	6	7	8	9	10	12	14
粗骨料/g	1 036.0	1 023.5	1 014.6	1 010.2	1 005.8	1 001.5	997.0	992.5	983.8	974.0
粗砂/g	727.0	702.5	686.5	678.6	670.6	662.7	654.8	647.0	631.5	616.2
细砂/g	147.1	142.2	138.9	137.3	135.7	134.1	132.5	130.9	127.8	124.7
水泥/g	118.3	118.3	118.3	118.3	118.3	118.3	118.3	118.3	118.3	118.3
矿渣粉/g	118.3	118.3	118.3	118.3	118.3	118.3	118.3	118.3	118.3	118.3
粉煤灰/g	0.0	26.1	43.4	52.1	60.7	69.3	77.9	86.4	103.5	120.6
水/g	184.3	187.8	190.2	191.3	192.5	193.7	194.9	196.0	198.4	200.8
外加剂/g	2.1	2.4	2.5	2.6	2.7	2.8	2.8	2.9	3.1	3.2
密度/(g·mL⁻¹)	2 333.1	2 321.1	2 312.7	2 308.7	2 304.6	2 300.7	2 296.5	2 292.3	2 284.7	2 276.1
坍流度/(cm×cm)	62.4	66.2	63.4	66.2	62.4	62.4	63.7	63.7	62.7	62.7
5 cm×5 cm×5 cm 方块冷养抗压强度/MPa	77.57	92.57	97.77	91.89	95.71	99.24	88.26	94.54	94.05	97.28
	83.95	93.26	97.28	99.83	96.50	103.17	92.57	94.73	95.81	96.11
	84.73	94.14	94.54	91.89	95.61	97.28	91.89	94.93	93.65	96.50
	79.04	90.03	91.40	92.77	98.46	95.32	92.57	92.38	92.18	88.26
	81.10	87.08	96.50	90.42	98.85	100.03	97.28	83.55	96.79	93.36
	87.57	93.26	101.89	96.89	97.18	93.95	92.97	94.14	93.36	90.61

F%	0	3	5	6	7	8	9	10	12	14
平均抗压强度/MPa	82.3	91.7	96.6	93.9	97.1	98.2	92.6	92.4	94.3	93.7
样本标准差	3.8	2.7	3.5	3.6	1.4	3.4	2.9	4.4	1.7	3.6
粗积系数	1.469 1	1.437 2	1.416 9	1.406 5	1.396 1	1.385 5	1.375 2	1.365 0	1.344 8	1.324 6
细积系数	0.562 9	0.675 0	0.753 4	0.793 9	0.835 2	0.877 5	0.920 7	0.964 7	1.055 7	1.150 9
粉细比	0.944 4	1.017 8	1.069 1	1.095 6	1.122 7	1.150 4	1.178 6	1.207 4	1.267 0	1.329 3
粉粗比	0.880 4	0.928 2	0.961 2	0.977 8	0.994 6	1.011 3	1.028 5	1.045 8	1.081 2	1.117 3
有效细积	0.562 9	0.582 5	0.596 0	0.603 2	0.610 2	0.617 5	0.624 9	0.632 5	0.648 0	0.664 1

因表 8-6 中试验结果的平均值及样本标准偏差数据的变动,而无法作粉煤灰最佳添加率的判定,所以必须先判定因子水平间是否有明显的差异(粉煤灰的添加率是否影响其抗压强度)。

二、试验结果变异(全距)判断

(1) 全距总平均为 0.082。

(2) 全距管制上限:$D_4 \overline{R} = 2.004 \times 0.082 = 0.164\ 328$。

(3) 全距管制图及加粉煤灰的强度推移见图 8-6 和图 8-7。

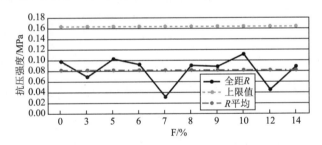

图 8-6　不同粉煤灰添加率(F%)的强度试验全距管制图

由图 8-6 可知,样本全距在管制界限内,即试验是在管制状态下进行的,所以作因子变异数分析是有意义的。

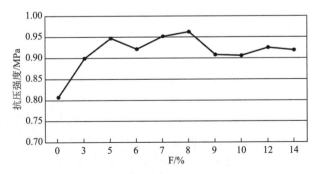

图 8-7　不同粉煤灰添加率的强度推移图

三、母数型单因子变异数分析

利用 Excel 中的"工具"—"数据分析"—"单因子变异分析",依对话框填入相关数据,α 值取 0.05,填入结果输出位置,输出变异数分析表 8-7。

表 8-7　试验值单因子变异分析

组	个 数	总 和	平 均	变异数
0	6	50 370	8 395	147 310
0.03	6	56 120	9 353.333	74 306.666 67
0.05	6	59 080	9 846.667	127 186.666 7
0.06	6	57 480	9 580	136 440
0.07	6	59 380	9 896.667	19 546.666 67
0.08	6	60 060	10 010	117 080
0.09	6	56 650	9 441.667	86 096.666 67
0.10	6	56 520	9 420	203 200
0.12	6	57 700	9 616.667	29 826.666 67
0.14	6	57 320	9 553.333	136 586.666 7

方　差　分　析					
变　源	SS	自由度	MS	F	P 值	临界值
组　间	10 869 193	9	1 207 688	11.207 410 57	$2.420\ 84\times10^{-9}$	2.073 351
组　内	5 387 900	50	107 758			
总　和	16 257 093	59				

由表 8-7 分析,$P=2.420\ 84\times10^{-9}$,小于 α 值(0.05),所以在信赖度 95% 之下,因子水平间存在明显差异,即粉煤灰添加量对 28 d 抗压强度是有影响的。

四、因子水平间的变异数及平均值的分析及推导

(1)粉煤灰添加率相对水平间作变异数及平均值分析。

(2)因子水平间先作变异数分析,利用 Excel 中的"工具"—"数据分析"—"F 检定:两个常态母体变异数的检定",依对话框填入相关数据,α 值取 0.05,填入结果输出位置,输出变异数分析表,以 P 值法判定其差异性。$P\geqslant0.05$ 表示因子水平间无差异性,$P<0.05$ 则表示因子水平间有明显差异。

(3)依因子水平间变异数分析的结果及其变异数相等与否,再作因子水平间平均数的分析。利用 Excel 中的"工具"—"数据分析"—"t 分析:两个母群体平均数差的分析,假设变异数相等"或"t 分析:两个母群体平均数差的检定,假设变异数不相等",依对话框填入相关数据,α 值取 0.05,填入结果输出位置,输出变异数分析表,以 P 值法判定其差异性。$P\geqslant0.05$ 表示因子水平间无差异性,$P<0.05$ 则表示因子水平间有明显差异。

(4)t 分析结果:若有差异性存在,则表示因子水平间有大小之别;若无差异性存在,则表示因子水平间效果相同,不可说有大小之别。

（5）以每个因子水平间的变异及平均差分析的 P 值作表 8-8，并依大小排列的逻辑推导出粉煤灰的最佳添加水平。

表 8-8　因子间的检定表

粉煤灰添加率/%		3	5	6	7	8	9	10	12	14
0	变异数 P 值	0.235 3	0.437 9	0.467 5	0.022 3	0.403 5	0.284 9	0.366 3	0.052 1	0.467 9
	平均差 P 值	0.000 2	0.000 0	0.000 1	0.000 0	0.000 0	0.000 1	0.000 8	0.000 0	0.000 1
3	变异数 P 值		0.284 8	0.260 4	0.084 5	0.315 0	0.437 7	0.146 8	0.169 5	0.260 1
	平均差 P 值		0.011 3	0.127 1	0.000 7	0.002 1	0.300 4	0.381 4	0.036 7	0.155 5
5	变异数 P 值			0.470 2	0.030 3	0.464 9	0.339 4	0.309 8	0.068 7	0.469 7
	平均差 P 值			0.116 0	0.379 2	0.218 5	0.028 6	0.049 5	0.092 7	0.096 0
6	变异数 P 值				0.026 2	0.435 3	0.312 8	0.336 3	0.060 3	0.499 5
	平均差 P 值				0.048 5	0.031 4	0.244 5	0.258 2	0.415 0	0.451 5
7	变异数 P 值					0.035 7	0.064 7	0.011 2	0.327 0	0.026 1
	平均差 P 值					0.238 5	0.003 2	0.024 1	0.005 7	0.038 6
8	变异数 P 值						0.372 0	0.279 9	0.079 8	0.434 9
	平均差 P 值						0.005 7	0.014 3	0.015 3	0.025 3
9	变异数 P 值							0.183 8	0.134 7	0.312 4
	平均差 P 值							0.461 6	0.118 3	0.287 4
10	变异数 P 值								0.027 5	0.336 7
	平均差 P 值								0.178 4	0.293 8
12	变异数 P 值									0.060 2
	平均差 P 值									0.355 8

由图 8-7 及表 8-9 的粉煤灰添加率及抗压强度的分析、推导可知，对中浆胶凝材料下的混凝土，粉煤灰最适合的添加率为 6%～9%。此抗压强度与粉煤灰添加率试验的结论与粉煤灰填充率试验的结果相符，可以证明粉煤灰在混凝土中为填充料。

第四节　混凝土砂浆填实度的量化

一、细骨料被胶凝材料填充的量化

混凝土砂浆是由水、水泥、矿渣粉、粉煤灰等组成的水泥浆与细骨料混合而成的，以粉煤灰作为细骨料的填充料时，若想让其组合体有最佳密度，由前述试验可知，粉煤灰的添加率必须为 6%～9%，此时，虽然组合体有最佳的密度，但实积率却只有 0.788 8～0.822 5。混凝土的砂浆组合除了细骨料及粉煤灰外，还有水泥及矿渣粉可作为填充料。

因水泥及矿渣粉的密度皆大于细骨料（约 2.60），故水泥及矿渣粉作为细骨料的填充料时，对砂浆体的密度及实积率皆有正面的影响，然而由于混凝土强度及经济性的限制，不可能无限制地添加这两种胶凝材料。无论使用水泥、矿渣粉或是其他矿物掺合料作为细骨料的填充料,其填充关系的量化主要以细积系数为主,以稠性系数为辅,依这两个系数值即可充分了解砂浆体被填充的情况。

在进行混凝土配比设计时,细积系数的大小即可作为混凝土砂浆填实度的量化依据,我们可借助粒料密度与空隙试验法找出细骨料间的实积率方程,以便于细积系数的计算。有了实积率方程及胶凝材料的加入量和添加率,即可推算出细积系数。

二、混凝土生产配比的砂浆填充

混凝土的生产配比贫浆(总胶凝量约 200 kg/m³)到富浆(总胶凝量约 400 kg/m³),因胶结量的差异,第二种填充也不相同。第二种填充的数理依据为细积系数,且细积系数最好大于1。但混凝土配比因受到两个条件限制(第一种限制:混凝土强度及经济性;第二种限制:密度低于细骨料的矿物掺合料的加入。),细积系数不太容易大于1。下面我们从实际的生产配比(表8-9)来观察其配比评估数值的变化。

表 8-9 不同胶凝材料量的配比

总胶凝量/(kg·m⁻³)	200	250	307.4	350	400
粗骨料/g	925.8	947.8	973.0	991.8	1 013.8
粗砂/g	916.2	844.8	763.3	701.8	630.3
细砂/g	51.4	47.4	42.8	39.4	35.4
水泥/g	81.2	120.7	166.1	199.8	239.5
矿渣粉/g	34.7	51.7	71.2	85.7	102.6
粉煤灰/g	84.1	77.6	70.1	64.5	57.9
水/g	185.1	189.9	195.2	199.6	204.5
外加剂/g	1.6	2.0	2.46	2.8	3.2
密度/(g·mL⁻¹)	2 280.1	2 281.9	2 284.16	2 285.4	2 287.2
粗积系数	1.813 2	1.633 1	1.437 0	1.296 6	1.139 2
细积系数	0.505 0	0.655 23	0.862 0	1.047 8	1.311 06
粉细比	0.766 7	0.857 8	0.988 26	1.095 9	1.255 6
粉粗比	0.951 9	0.959 27	0.972 36	0.973 0	0.979 5
有效细积	0.244 96	0.395 2	0.602 0	0.788 0	1.051 0
水胶比	0.925 5	0.759 6	0.635 0	0.570 3	0.511 3

表 8-9 中的总胶凝量从 200 kg/m³ 增加到 400 kg/m³,细积系数从 0.505 0 增加到 1.311 06,即表示配比的第二种填充从填充不足到填充过量,其间的"正量填充点"为总胶凝量在 350 kg/m³ 左右,填充不足或过填充对混凝土都有不良影响。

贫浆混凝土配比设计时可以调整粉煤灰的添加量,在允许的粉煤灰添加率(6%~9%)之下,使配比的细积系数尽量大于1,这样混凝土的砂浆可得到较佳的填实度,进而改善混凝土的质量。同样的道理,富浆混凝土配比设计时,若有效细积系数已大于1,可减少粉煤灰的添加量,将总胶凝量降低。总胶凝量降低的调整又可借助加入外加剂来校正其水胶比。这些配比的调整皆须以相关的量化评估系数为依据。

第五节 混凝土粒料间的填充与强度关系

混凝土由大小颗粒相互堆积而成,这些大小不同的颗粒堆积成的结构体再利用胶凝材料的胶结性固化成硬固的混凝土。硬固混凝土的强度与两个因素有关:① 胶凝材料总组成的活性,这与胶凝材料的组成、活性及其总用量有关。② 混凝土粒料间堆积的方式。一般在作混凝土配比设计时,第一种因素都会以"水胶比"这一隐蔽属性作考虑,而第二种因素却因无代表的隐蔽属性常常被忽略,以至于水胶比与抗压强度没有固定的联系。

混凝土所有粒料间堆积的方式涵盖所有混凝土原材料间的组态及量的关系,所以在混凝土强度设计时必须作充分的考虑。粒料间的堆积除了使粒料呈连续级配外,更重要的是其相互填充是否能产生致密性。要使混凝土粒料的组成有致密性,就必须充分了解混凝土的三种填充情况。

一、第一种填充(胶凝材料浆体)

第一种填充是指胶凝材料被水、外加剂所填充的胶凝材料浆体,此填充可以水灰比(W/C)及水胶比(W/B)作定量描述。因为混凝土的强度和水胶比成反比,所以第一种填充是受限于水胶比的,即因混凝土强度的关系,无法随意增减水泥浆中的用水量。另外一个限制是在第二章中所讨论的:要让水泥得到充分的水化反应及其空间的限制,水灰比必须大于等于0.42。既要达到上述限制,又能调节出有利于新拌混凝土工作性的第一种填充,主要的方法在于外加剂的运用。

第一种填充虽然在处理上会有一些限制,但对新拌混凝土的工作性起到基本作用,因为水泥浆的量及坍流度是决定第二种填充稠性的主因。上述的一些限制是从水泥浆产生胶结的角度说明的,下面从填充的物理角度来说明第一种填充。

1. 实验计划

水泥、矿渣粉及粉煤灰因地域及生产方法不同,其物理性质也有所不同。今以两个不同区域的胶凝材料,分别依密度及空隙率试验做出各种材料的组成空隙,并由实验结果来讨论第一种填充情形。为提高实验的精确度,每种材料需要重复多次试验。

2. 实验结果

将 A 地区与 B 地区胶凝材料的试验结果列于表 8-10 与表 8-11。

表 8-10　A 地区与 B 地区胶凝材料密度及空隙率的试验结果

类　别	实测值(试验用标准量桶 669.3 cm³)/g					密度/(g·cm⁻³)	空隙率
水泥(52.5)	797.5	787.7	781.5	781.7	801.0	3.14	0.623 57
	779.8	797.6	791.5	801.1	791.6		
矿渣粉	749.9	732.2	754.1	751.1	751.4	2.9	0.613 34
	747.0	752.2	754.5	754.7	757.8		

类　别	实测值(试验用标准量桶 669.3 cm³)/g					密度 /(g·cm⁻³)	空隙率
粉煤灰	515.8	502.5	507.2	505.4	503.7	2.13	0.645 82
	499.8	501.1	506.7	507.9	499.1		

表 8-11　B 地区胶凝材料密度及空隙率的试验结果

类　别	实测值(试验用标准量桶 1 078.47 cm³)/g					密度 /(g·cm⁻³)	空隙率
水泥 (42.5)	1 409.0	1 433.7	1 434.3	1 426.8	1 425.0	3.097	0.571 1
	1 445.2	1 454.2	1 433.5	1 437.8	1 424.5		
矿渣粉	1 258.4	1 271.0	1 249.6	1 266.0	1 296.2	2.89	0.590 7
	1 289.8	1 281.7	1 283.2	1 282.2	1 278.2		
粉煤灰	1 235.9	1 218.6	1 232.1	1 223.2	1 229.0	2.4	0.525 7

3. 实验结果讨论

由表 8-10、表 8-11 可知,若以水填充粉体(包括水泥、矿渣粉及粉煤灰),当水正好填满粉体空隙时,可计算该浆体的水灰比(W/C)及水胶比(W/B)。在计算 W/C 及 W/B 之前,假设该浆体的组成型态为:水泥∶矿渣粉∶粉煤灰(质量比)=0.5∶0.3∶0.2。

由表 8-10(A 地区材料)的数据计算:

$$W/C = \frac{0.623\ 57 \times 0.5 + 0.613\ 34 \times 0.3 + 0.645\ 82 \times 0.2}{(1 - 0.623\ 57) \times 3.14 \times 0.5} = 1.057\ 46$$

$$W/B = \frac{0.623\ 57 \times 0.5 + 0.613\ 34 \times 0.3 + 0.645\ 82 \times 0.2}{(1 - 0.623\ 57) \times 3.14 \times 0.5 + (1 - 0.613\ 34) \times 2.9 \times 0.3 + (1 - 0.645\ 82) \times 2.13 \times 0.2}$$
$$= 0.579\ 587$$

由表 8-11(B 地区材料)的数据计算:

$$W/C = \frac{0.571\ 1 \times 0.5 + 0.590\ 7 \times 0.3 + 0.525\ 7 \times 0.2}{(1 - 0.571\ 1) \times 3.14 \times 0.5} = 0.855\ 08$$

$$W/B = \frac{0.571\ 1 \times 0.5 + 0.590\ 7 \times 0.3 + 0.525\ 7 \times 0.2}{(1 - 0.571\ 1) \times 3.097 \times 0.5 + (1 - 0.590\ 7) \times 2.89 \times 0.3 + (1 - 0.525\ 7) \times 2.4 \times 0.2}$$
$$= 0.455\ 53$$

以上结论是以水正好填满胶凝材料空隙为前提的,由此实验结果得知,不同地区的胶凝材料有不同的容积属性。对新拌混凝土的工作性来说,第一种填充并不能完全表述,因为影响工作性的还有浆体"量"的问题,也就是说还要考虑第二种填充的情形,所以从填充及 W/B 的角度来看,胶凝材料的选择要同时满足这两种需求。

因为水胶比是影响混凝土强度的主要因素之一,而用水量是影响浆体软硬的主因,所以,在配比设计的策略上,必须选择优良的外加剂及合适的添加量。

二、第二种填充(砂浆体)

砂浆体由细骨料与胶凝材料浆体混合而成,即以粉细料所组成的胶凝材料浆体来填充较大颗粒细骨料所组成的空隙体积。如果以一定量的胶凝材料浆体作填充,砂浆强度由两个因素决定:① 胶凝材料浆体的体积能否完全填充细骨料所组成空隙体积(第二种填充的情形)。② 胶凝材料浆体的组成(水泥、矿渣粉及粉煤灰的组成比例)。

现代混凝土水泥浆是由不同的胶凝材料组成的,其中水泥为主要成分,矿渣粉为辅料,粉煤灰视作填充料,所以第二种填充在混凝土强度及经济性的要求下有一定的限制,也就是混凝土强度大部分是由水泥及矿渣粉的总量来决定的,而粉煤灰成为调整第二种填充的重要因子,现在以第二种填充的代表参数——细积系数来观察粉煤灰填充对砂浆强度的影响。

1. 第二种填充不足的情形

以本章第三节"粉煤灰添加率对抗压强度的影响"为例,如图 8-7 所示,粉煤灰添加率由 0% 上升到 5% 时强度随之升高,5%~9% 大致维持相同的强度,9% 之后强度下降。再由表 8-6 观察其第二种填充代表值细积系数的变动则为:0.562 9(0%)→0.753 4(5%)→0.920 7(9%),细积系数及其强度的变化可解释为从填充不足到过填充,相对强度也由小变大再变小,故可证明粉煤灰对第二种填充是有意义的。

2. 第二种填充过填充的情形

在高胶结量(富浆)下的第二种填充由砂所组成的空隙体积已被水泥及矿渣粉填满,此时再额外加入粉煤灰即形成了过填充状态,下面以表 8-12 的试验结果说明。

表 8-12　富浆下的粉煤灰添加率与砂浆强度试验表

F%	0	3	6	9	12
粗骨料/g	999.0	977.5	955.5	933.5	910.5
粗砂/g	578.8	566.4	553.8	540.7	527.8
细砂/g	117.1	114.6	112.1	109.4	106.8
水泥/g	287	287	287	287	287
矿渣粉/g	123	123	123	123	123
粉煤灰/g	0	21.1	42.5	64.3	86.5
水/g	209.3	213.1	216.8	220.6	224.6
外加剂/g	4.10	4.31	4.52	4.74	4.97
密度/(g·mL^{-1})	2 318.3	2 307.01	2 295.22	2 283.24	2 271.17
坍流度/(cm×cm)	90.75	76.5	76.5	76.5	68.6
5 cm×5 cm×5 cm 方块冷养抗压强度/MPa	133.763	144.844	125.133	134.743	125.819
	142.687	131.017	129.154	140.333	129.840
	137.685	148.080	132.880	131.801	118.170
	143.962	142.687	132.978	131.017	130.821
	129.840	132.684	128.173	127.486	115.718
	144.550	120.720	133.861	132.488	105.127

F%	0	3	6	9	12
平均抗压强度/MPa	138.748	136.672	130.363	132.978	120.916
样本标准差	6.028	10.348	3.436	4.309	9.855
粗积系数	1.213 2	1.213 2	1.213 5	1.213 0	1.213 8
细积系数	1.204 85	1.323 79	1.450 17	1.585 40	1.729 1
粉细比	1.364 6	1.442 5	1.525 2	1.613 8	1.707 8
粉粗比	1.050 5	1.110 46	1.174 5	1.242 0	1.315 3
有效细积	1.204 85	1.231 2	1.259 3	1.289 7	1.321 3
水胶比	0.510 6	0.494 3	0.479 19	0.465 21	0.452 3

以 28 d 抗压数据作图 8-8 及图 8-9 判断样本值的合理性。

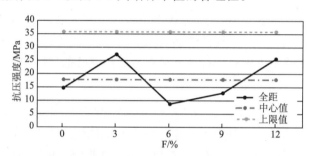

图 8-8　实验管理状态 R 管制图

由图 8-8 可知,样本值都落在上限值之下,所以样本值皆在管制状态。

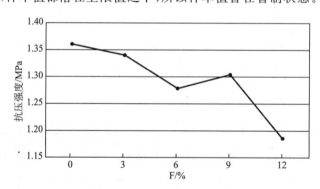

图 8-9　过填充下粉煤灰添加率与砂浆的强度关系图

由表 8-12 可知,所有试验的细积系数皆大于等于 1,即都呈过填充状态。再由图 8-9 可知,粉煤灰过量添加对强度的发展不利。所以,混凝土配比设计时,如果第二种填充呈过填充状态,则须适度降低粉煤灰的添加量。

三、第三种填充(混凝土)

第三种填充并无任何限制。填充的好坏不仅决定了混凝土的工作性,且显著影响其强度。满足第三种填充,即满足粗骨料所组成空隙体积的填充。而粗骨料所组成的空隙体积大小则由三个因素来决定:① 粗骨料的总用量,即混凝土的空隙体积与粗骨料的总用量成正比。

② 粗骨料的组态,即粒径组态、粒径的分布越接近富勒曲线的连续级配,组成的空隙体积越小,反之空隙体积越大。③ 粗骨料的粒形,一般以 JG/T 568—2019 中粗骨料不规则颗粒含量的试验方法来确定其粒形好坏,不规则颗粒含量越多的粗骨料组成的空隙体积越大。

第三种填充的代表参数为粗积系数,因颗粒关系,此系数虽不能完全代表填充情况,却可以知道填充的程度,借粗积系数及其试验结果强度的比较,即可了解第三种填充对混凝土强度的影响。下面分别按贫、中、富浆配比做砂率变动因子的配置实验,进一步了解第三种填充与其强度的关系。

1. 贫浆配比(总胶凝量 220 kg/m³)

贫浆填充试验配比及其结果见表 8-13 和表 8-14。

表 8-13 贫浆填充试验配比

组别	大石 /(kg·m⁻³)	小石 /(kg·m⁻³)	砂 /(kg·m⁻³)	水泥 /(kg·m⁻³)	矿渣粉 /(kg·m⁻³)	粉煤灰 /(kg·m⁻³)	水 /(kg·m⁻³)	外加剂 /(kg·m⁻³)	坍落度 /cm	砂率 /%	粗积系数
1	400	400	1 097.0	68.7	68.7	82.6	181.3	1.98	13.0	57.8	3.830
2	450	450	1 000.2	72.4	72.4	75.3	181.3	1.98	12.5	52.6	3.217
3	475	475	952.0	74.2	74.2	71.7	181.3	1.98	12.0	50.1	2.959
4	500	500	903.6	76.0	76.0	68.0	181.3	1.98	17.5	47.5	2.727
5	550	550	807.0	79.6	79.6	60.7	181.3	1.98	16.0	42.3	2.326
6	600	600	710.2	83.3	83.3	53.5	181.3	1.98	17.0	37.2	1.690

注:同水胶比,同粗骨料组态,不同砂率配比。

表 8-14 贫浆填充试验结果

组别	28 d 抗压强度/MPa					R 管制图/MPa			
						平均值	全距	中心值	上限值
1	13.39	13.33	13.14	13.38	12.93	13.24	0.46	1.06	2.244 9
2	13.53	13.73	14.18	13.56	13.59	13.72	0.65	1.06	2.244 9
3	15.11	15.13	15.01	15.67	15.53	15.29	0.67	1.06	2.244 9
4	12.89	12.60	13.34	12.96	13.77	13.11	1.17	1.06	2.244 9
5	10.64	12.10	10.15	11.33	12.01	11.25	1.95	1.06	2.244 9
6	10.14	10.27	10.33	11.62	11.44	10.76	1.47	1.06	2.244 9

试验数据的合理性判断:利用表 8-14 中 28 d 抗压强度的试验数据,分别以其全距、中心值及上限值作出 R 管制图 8-10,以了解试验的管制状态。

由图 8-10 可知,每组试验的全距值都在上、下管制线之内,所以可确定此六组强度试验的数据都在管制状态。

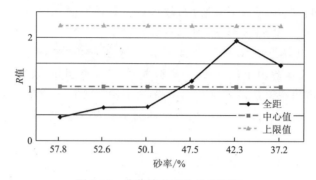

图 8-10　贫浆填充试验 R 管制图

2.中浆配比(总胶凝量 300 kg/m³)

中浆填充试验配比及其结果见表 8-15 和表 8-16。

表 8-15　中浆填充试验配比

组别	大石 /(kg· m⁻³)	小石 /(kg· m⁻³)	砂 /(kg· m⁻³)	水泥 /(kg· m⁻³)	矿渣粉 /(kg· m⁻³)	粉煤灰 /(kg· m⁻³)	水 /(kg· m⁻³)	外加剂 /(kg· m⁻³)	坍落度 /cm	砂率 /%	粗积 系数
1	400	400	1 012.1	109.2	109.2	81.6	190	2.4	14.5	55.9	3.830
2	450	450	912.8	113.1	113.1	73.8	190	2.4	18.0	50.4	3.217
3	500	500	813.5	117.0	117.0	66.0	190	2.4	19.0	44.9	2.727
4	550	550	714.1	120.9	120.9	58.1	190	2.4	20.0	39.4	2.326
5	600	600	614.8	124.9	124.9	50.3	190	2.4	20.0	33.9	1.690

注:同水胶比,同粗骨料组态,不同砂率配比。

表 8-16　中浆填充试验结果

组 别	28 d 抗压强度/MPa					R 管制图/MPa			
						平均值	全 距	中心值	上限值
1	21.80	21.80	21.22	22.71	22.37	22.00	1.49	1.96	4.152 5
2	21.22	21.32	19.93	20.70	21.46	20.93	1.53	1.96	4.152 5
3	20.70	18.09	18.83	18.26	18.65	18.91	2.61	1.96	4.152 5
4	18.72	18.77	16.64	17.55	17.94	17.92	2.12	1.96	4.152 5
5	16.70	15.70	14.90	14.60	15.80	15.54	2.06	1.96	4.152 5

　　试验数据的合理性判断:利用表 8-16 中 28 d 抗压强度的试验数据,分别以其全距、中心值及上限值作出 R 管制图 8-11,以了解试验的管制状态。

　　由图 8-11 可知,每组试验的全距值都在上、下管制线之内,所以可确定此五组强度试验数据都在管制状态。

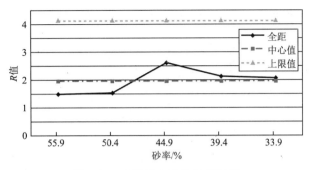

图 8-11　中浆填充试验 R 管制图

3.富浆配比(总胶凝量 450 kg/m³)

富浆填充试验配比及其结果见表 8-17 和表 8-18。

表 8-17　富浆填充试验配比

组别	大石 /(kg·m⁻³)	小石 /(kg·m⁻³)	砂 /(kg·m⁻³)	水泥 /(kg·m⁻³)	矿渣粉 /(kg·m⁻³)	粉煤灰 /(kg·m⁻³)	水 /(kg·m⁻³)	外加剂 /(kg·m⁻³)	坍落度 /cm	砂率 /%	粗积系数
1	400	400	838.0	193.5	193.5	63.1	205	4.5	18.5	51.2	3.830
2	450	450	741.2	197.1	197.1	55.8	205	4.5	16.0	45.2	3.217
3	475	475	729.0	198.9	198.9	52.2	205	4.5	16.0	43.4	2.959
4	500	500	644.6	200.7	200.7	48.5	205	4.5	18.0	39.2	2.727
5	550	550	547.8	204.4	204.4	41.2	205	4.5	21.5	33.2	2.326
6	600	600	451.2	208.0	208.0	34.0	205	4.5	21.5	27.3	1.690

注:同水胶比,同粗骨料组态,不同砂率配比。

表 8-18　富浆填充试验结果

组　别	28 d 抗压强度/MPa					R 管制图/MPa			
						平均值	全 距	中心值	上限值
1	45.10	39.09	41.74	43.39	41.73	42.21	6.02	3.84	8.121 2
2	41.90	44.55	42.03	41.80	45.44	43.14	3.64	3.84	8.121 2
3	39.21	39.80	38.75	39.97	39.54	39.45	1.22	3.84	8.121 2
4	35.84	34.76	38.71	32.38	37.65	35.87	6.34	3.84	8.121 2
5	31.71	34.31	35.98	33.34	34.98	34.06	4.27	3.84	8.121 2
6	23.40	24.68	24.60	24.12	24.96	24.35	1.56	3.84	8.121 2

　　试验数据的合理性判断:利用表 8-18 中的 28 d 抗压强度试验数据,分别以其全距、中心值及上限值作 R 管制图 8-12,以了解试验的管制状态。

　　由图 8-12 可知,每组试验的全距值都在上、下管制线之内,所以可确定此六组强度试验数据都在管制状态。

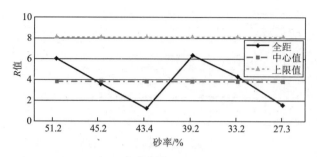

图 8-12　富浆填充试验 R 管制图

4. 贫、中、富浆试验结果分析

利用表 8-13～8-18 中的 28 d 抗压强度平均值、坍落度、粗积系数与砂率作出折线图 8-13。

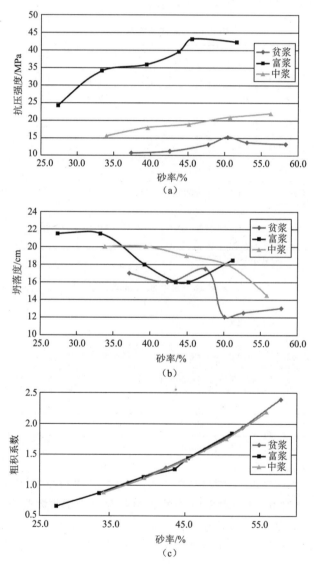

图 8-13　贫、中、富浆时，不同的第三种填充对混凝土性质的影响

　　图 8-13 中的贫、中、富浆各组试验数据都是在相同用水量、总胶凝量及胶结组态下的坍落度及 28 d 抗压强度。由图中可知，材料间的第三种填充对混凝土的坍落度及抗压强度都有明显影响，所以混凝土强度的发展除了水胶比（W/B）之外，坍落度及第三种填充状态也是重要的影响因素。

第九章

高性能混凝土工作性量化模式的建立

混凝土优良的工作性是指混凝土施工时的综合指标,其前提为在最低施工能量之下可达到以下施工效果:

(1) 在施工时易于流动。

(2) 施工后混凝土与工作物间填充良好。

(3) 施工前后混凝土密实性良好。

(4) 施工前后混凝土内的材料分布均匀。

混凝土的工作性是其凝聚性、稳定性、可捣性、流动性等的综合表征。在混凝土生产过程中,利用坍落度试验来检测其工作性,所以坍落度测量值为工作性的首要表征,但凝聚性、稳定性及可捣性无法以具体数据表示,这些特性是胶凝材料、细骨料及粗骨料间的综合表征。填充不足,凝聚性及可捣性一定不佳,若过填充则稳定性及可捣性也会变差,所以只有适当的用水量及材料间合理的填充,才会有好的工作性。

新拌混凝土的工作性为一抽象名词,难以量化表达。从工作性的反面来看,新拌混凝土会出现离析、粗涩、过稠等不良现象,这些现象的发生又可归类于粒料间填充不良所致,所以工作性的量化处理,可以通过混凝土的三种填充状态来描述,而混凝土配比的五种评估系数就是混凝土粒料间填充的最好理论依据。

第一节　新拌混凝土的不良现象分析

一、离析(Segregation)

混凝土粒料之间的级配关系失衡,无法形成相互牵引的网络结构,使混凝土的某些组成材料分离的现象称为离析,最常见的为浆体与骨料的分离。

1.离析的形态

(1) 动态离析:混凝土在移动过程中,粗粒移动较快造成分离,或使较细粒料沉降分离,多发生于高坍落度或贫配比低坍落度时。

(2) 静态离析:水和胶凝材料的浆体从静置的混凝土中分离,一般多发生于高坍落度混凝土中。

2.离析的原因

(1) 单位用水量过多,混凝土坍落度过大,粗粒料与砂浆的密度不同,发生粗粒料沉降离析的现象,即所谓的骨料分离。

(2) 从粒料填充的观点看是第三种填充不足(粗积系数偏低),加上用水量过多所致。

(3) 混凝土单位体积内小于 0.3 mm 筛的细粒料体积总和太少(小于 18% 以下)。

(4) 粗骨料级配不良,造成骨料颗粒间隙过大,无法阻挡填充料的流失。

(5) 粗粒料粒径比钢筋间距或保护层大,混凝土被钢筋筛分成粗粒料与砂浆,产生离析。

(6) 混凝土自高处下落,其间有阻碍物而造成离析。

(7) 过度的振动使粗、细粒料分离。

二、粗涩(Coarse)

当混凝土中粗粒料比例过高或较大粒径的骨料占比较高,细粒料不足以填充粗粒料间的空隙时,混凝土便产生粗涩现象。

1.粗涩的形态

(1) 最大粗骨料(例如大石)量过多,填充料不足以支撑,混凝土外观很容易看出表面有许多粗骨料存在。

(2) 较细粗骨料(例如小石)量过多,使粗骨料总表面积增加,填充料不足以包覆所有的粗骨料面积,造成"吃浆"不良。

2.粗涩的原因

(1) 从粒料填充的方面看,主要原因有:① 第三种填充不足(粗积系数偏低)。② 第二种填充不足(细积系数偏低),尤其在低胶凝量时。③ 细骨料细度模数偏高,过 0.3 mm 筛的细料太少(稠性系数偏低)。

(2) 粗骨料的级配不良,混凝土骨干结构较松散,浆体无法支撑骨干结构。

(3) 骨料不规则,颗粒含量过大,浆体不足以包覆。

(4) 单位用水量过少,造成了"硬混凝土"。

三、过稠(Consistent)

当混凝土中细粒料比例过高,使混凝土产生过大的稠性,失去其应有的流动性时,即便是大坍落度混凝土仍无流动性,一般称为黏料,也就是过稠。

1.过稠的形态

(1) 细骨料中 0.15 mm 以下的粉细料过多,这种形态的混凝土最危险,也最容易产生龟裂及强度不足。

(2) 胶凝材料使用过量,这种形态的混凝土失去了其经济性。

2.过稠的原因

(1) 过量使用细骨料或细骨料的粗细度过低,以及粗、细骨料的含泥量过高。

(2) 从粒料填充方面看主要原因有:① 第三种填充过多(粗积系数偏高)。② 第二种填充过多(细积系数偏高)。

(3) 粗、细骨料中含有过高比例的易碎颗粒。

(4) 过量使用胶凝材料总量,基于经济原因,大部分为粉煤灰的过量使用造成的。

上述新拌混凝土不良现象中，无论离析、粗涩或过稠，其发生原因除了用水量的基本原因外，都是因为混凝土中粗骨料、细骨料、胶凝材料组成的粒料填充不良所致。这些粒料的填充不良，若以填充的量化物理量表达，不外乎粗积系数、细积系数或稠性系数不当所致。从这些评估系数的物理意义来看，细积系数与稠性系数都是砂浆质量描述的物理系数，两者的大小与混凝土的强度、胶凝材料组态及细骨料质量有关。细积系数着重于细骨料组成的空隙被填充的物理量描述，稠性系数则为描述砂浆稠性的物理量。对形成新拌混凝土的工作性而言，稠性系数比细积系数更具意义，所以，新拌混凝土工作性的描述要借助粗积系数与稠性系数。

第二节　新拌混凝土的坍形与工作性

新拌混凝土是否具有工作性，除了人为的观察之外，也可由坍落度试验中的坍形状况做出较具体的判断。用水量不正确，水胶比（W/B）失真；砂石比例过小，粗积系数太小；稠度不足，细积系数太小或稠性系数太小，都会影响新拌混凝土的坍形变化。不论是否使用外加剂，混凝土的用水量都是决定坍落度的最大因素。用水量的多少及外加剂的掺量对坍形的变动都会有显著的影响。

在新拌混凝土坍落度试验中，只要试验方法正确，所做出的坍形即可具体判定其工作性的好坏。由图 9-1 可知，用水量和外加剂用量是坍形产生变化的基本要素，工作性良好的新拌混凝土的用水量及外加剂用量必须是适当的。用水量太少则变成硬混凝土，过多则产生离析。当然除了用水量外，砂率及砂浆稠度也要适当。

（a）坍落度较大时的坍形　　　　　（b）坍落度较小时的坍形

图 9-1　工作性良好的新拌混凝土坍形

在混凝土生产作业中，最快速、简单和经济的工作性试验法为坍落度试验。除须测量坍落度及扩展度的数据外，更须判断混凝土的坍形，以此来推断样本组成的致密性。工作性良好的新拌混凝土轮廓为连续的曲线，将粗骨料完整包覆。工作性不良的新拌混凝土的坍形轮廓为不连续的折线或出现一些"蜂窝"现象，实际坍形照片如图 9-2 所示。

由新拌混凝土坍落度试验中的坍形可了解混凝土的工作性情况。从上述对坍形的讨论可知，好的混凝土工作性是在适当的用水量之下，具有适当的粗骨料空隙填充及稠性。如何将粗骨料空隙填充及稠性做适当的量化处理，在第八章中已有说明，但是这两种数据与混凝土料性的对照，还需要通过有效的试验论证。

(a) 坍形扭曲不良,坍体多孔洞
（砂率适当,但稠性不够）

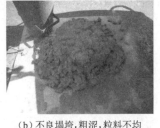

(b) 不良塌垮,粗涩,粒料不均
（砂率不适当,但稠性够）

(c) 直筒坍形,周边有孔洞发生（砂率
不适当,用水量不足,但稠性够）

(d) 单边塌垮,粗涩,坍体多孔洞
（砂率不适当,稠性也不够）

图 9-2　不具备工作性的新拌混凝土坍形

第三节　混凝土工作性试验

混凝土原材料间颗粒填充的效应有两种：① 增加总组合的密度,因为颗粒间的空隙变少,所以单位体积内的实有物增加了,因而提高了混凝土的抗压强度。② 提供新拌混凝土的工作性,在粗颗粒周围有次粗颗粒,使颗粒间有更好的滚珠效应,提高了新拌混凝土的工作性。这些都是颗粒间有良好填充效果的表现,但是次颗粒的填充若在不降低总组合密度的情况下发生过填充现象,对混凝土又会产生什么效应呢？在第一种填充关系时,因水的过填充造成水胶比提高,降低了混凝土的抗压强度；在第二种填充关系时,为填充而增加总胶凝材料量是不经济的做法；在第三种填充关系时,过度提高砂石比,即降低细积系数,须增加用水量和水胶比,这样不仅会降低强度,甚至会使混凝土产生"过稠"的不良现象。

混凝土材料间填充的好坏可由五种评估系数进行量化评估,填充不足可由五种评估系数的数据得到量化,但材料间的过填充则无法在配比的五种评估系数数据上作判断。材料间填充不足或过填充,通过新拌混凝土的表观现象可以观察出来,填充不足会产生离析、粗涩、坍落度大及低抗压强度等种种不良现象,而过填充则会产生低坍落度、流度差和过稠等不良现象。这些表观现象都会有其五种评估系数,因此可以找到该混凝土的状态定位点,即该混凝土的一组"定序"数据。

既然材料间填充不足或过填充的新拌混凝土表观上是可以比较的,我们就可以在低、中、高胶凝材料使用量（与第二种填充相关）时分别以粗骨料的使用量变动和粗骨料中颗粒组态的变动（与第三种填充相关）为试验的操纵变因,做以下试验模块安排。

这些试验由小拌的新拌混凝土表观现象来判断其各种质量特性,而有些质量特性为较抽象的综合现象（例如,粗涩、离析和过稠等）,故在有限的试验样本之下,除了"人为的感觉"之外,必须配合坍形变化、坍落度数据、28 d抗压强度等具体数据进行综合评估。

一、试验计划

1.将生产配比的总胶凝材料量(强度)分成四个水平

第一个水平:配比的总胶凝材料量固定在富浆状态(总胶凝材料量定为 410 kg/m³)。

第二个水平:配比的总胶凝材料量固定在中浆状态(总胶凝材料量定为 350 kg/m³)。

第三个水平:配比的总胶凝材料量固定在中浆状态(总胶凝材料量定为 290 kg/m³)。

第四个水平:配比的总胶凝材料量固定在贫浆状态(总胶凝材料量定为 230 kg/m³)。

贫浆配比稠性不足,工作性不好;富浆配比稠性过大,工作性好坏界限不明。中浆配比对工作性的变动较敏感,故须进行两个中浆(细积系数在 1 左右)水平的试验。

2.每个胶凝材料做两种试验

第一种试验:同水胶比,同胶凝材料组态,同粗骨料组态,不同粗骨料使用量的小拌试验。找出认可的工作性组后,再做第二种试验。

第二种试验:同水胶比,同胶凝材料组态,同粗骨料使用量,不同粗骨料组态的小拌试验。

3.两种试验的水平分割

混凝土工作性的前提是粒料须为连续级配,由第七章中粒料级配的分析可知,粗骨料使用量过大(超过 1 100 kg/m³)及大石使用比例过高(大于 50%)时,都会出现粒料级配不连续。

所以在第一种试验中,粗骨料组态为 50% 的大石用量,使用总量以 1 100 kg/m³ 为上限,以每 50 kg/m³ 为级距,取五个试验水平做试验,从第一种试验中选出最好工作性的组别,以该组的粗骨料用量做大石加量 40%、30%、20%、10%、0% 的试验。

二、富浆试验(总胶凝材料量为 410 kg/m³)

1.第一种试验(粗骨料用量不同)

粗骨料用量分别为 880 kg/m³、930 kg/m³、980 kg/m³、1 030 kg/m³、1 080 kg/m³ 的五组小拌试验。

(1)试验配比及配比评估系数见表 9-1。

表 9-1　总胶凝材料量为 410 kg/m³ 的第一种试验配比

大石/(kg·m⁻³)	小石/(kg·m⁻³)	粗砂/(kg·m⁻³)	细砂/(kg·m⁻³)	硅酸盐水泥/(kg·m⁻³)	矿渣粉/(kg·m⁻³)	粉煤灰/(kg·m⁻³)	水/(kg·m⁻³)	外加剂/(kg·m⁻³)	粗积系数	细积系数	粉细系数	粉粗系数	有效细积
440	440	652	118	179	179	52	217	4.1	3.328	1.169 1	0.570 9	0.866 5	0.967 1
465	465	619	112	179	179	52	213	4.1	3.059	1.232 5	0.599 5	0.779 0	1.019 5
490	490	585	106	179	179	52	209	4.1	2.817	1.302 9	0.631 2	0.736 3	1.077 9
515	515	552	99.5	179	179	52	205	4.1	2.598	1.382 5	0.667 1	0.697 9	1.143 5
540	540	518	93.5	179	179	52	201	4.1	2.401	1.471 3	0.707 2	0.662 8	1.217 3

（2）坍落度试验及 28 d 抗压强度见表 9-2。

表 9-2　总胶凝材料量为 **410 kg/m³** 的第一种试验(小拌试验)结果

粗骨料量 /(kg·m⁻³)	砂率	坍落度 /cm	28 d 抗压强度/MPa					平均抗压强度 /MPa	标准偏差
880	0.466 60	17.0	34.500	34.353	32.167	34.235	32.137	33.480	1.215
930	0.439 86	21.0	35.020	36.196	34.696	32.373	31.118	33.882	2.075
980	0.413 42	19.0	33.647	35.059	34.863	30.804	34.569	33.794	1.752
1030	0.387 27	17.0	35.510	35.294	33.696	28.667	28.725	32.373	3.431
1 080	0.361 55	20.5	32.294	30.784	31.392	32.098	30.951	31.510	0.675

（3）坍落度试验中坍形与工作性的关系如图 9-3 所示。

（a）粗骨料用量880 kg/m³

（b）粗骨料用量930 kg/m³

（c）粗骨料用量980 kg/m³

（d）粗骨料用量1 030 kg/m³

（e）粗骨料用量1 080 kg/m³

图 9-3　坍落度试验中的坍形

（总胶凝材料料量 410 kg/m³ 的第一种试验）

（4）试验结果讨论。

① 总胶凝材料量为 410 kg/m³ 时，试验配比为第二种过填充的富浆配比(细积系数大于 1.169 1)。由表 9-2 可知，粗骨料用量与抗压强度成反比，即在满足第二种填充条件下，须考虑如何满足第三种填充，使其对抗压强度有正面影响。

② 粗骨料用量超过 980 kg/m³ 时，逐渐无法满足第三种填充条件(粗积系数从 2.817 降至 2.598)。从坍形也可以看出，坍体表面有许多粗粒料无法被砂浆体包覆，难以维持坍形的完整性。

③ 图 9-3(c)组态的工作性可以被接受，故以此组态再做粗骨料组态的分析试验。

2. 第二种试验(粗骨料组态不同)

粗骨料用量为 980 kg/m³，按 40%、30%、20%、10%、0% 的大石加量做五组小拌试验。

（1）试验配比及配比评估系数见表 9-3。

表 9-3　总胶凝材料量为 410 kg/m³ 的第二种试验配比

大石 /(kg· m⁻³)	小石 /(kg· m⁻³)	粗砂 /(kg· m⁻³)	细砂 /(kg· m⁻³)	硅酸 盐水泥 /(kg· m⁻³)	矿渣粉 /(kg· m⁻³)	粉煤灰 /(kg· m⁻³)	水 /(kg· m⁻³)	外加剂 /(kg· m⁻³)	粗积 系数	细积 系数	粉细 系数	粉粗 系数	有效 细积
392	588	585	106	179	179	52	209	4.1	2.790	1.302 9	0.631 6	0.721 0	1.077 9
294	686	585	106	179	179	52	209	4.1	2.732	1.302 9	0.631 9	0.700 2	1.077 9
196	784	585	106	179	179	52	209	4.1	2.645	1.302 9	0.632 2	0.674 4	1.077 9
98	882	585	106	179	179	52	209	4.1	2.533	1.302 9	0.632 6	0.644 3	1.077 9
0	980	585	106	179	179	52	209	4.1	2.400	1.302 9	0.632 9	0.644 3	1.077 9

（2）坍落度试验及 28 d 抗压强度值见表 9-4。

表 9-4　总胶凝材料量为 410 kg/m³ 的第二种试验（小拌试验）结果

粗骨料量 /(kg·m⁻³)	砂率	坍落度 /cm	28 d 抗压强度/MPa					平均 抗压强度 /MPa	标准偏差
980(40%大石)	0.413 42	18.5	29.500	30.196	31.735	31.098	29.618	30.431	0.965
980(30%大石)	0.413 42	19.0	33.392	32.353	35.020	31.186	32.284	32.843	1.443
980(20%大石)	0.413 42	19.5	33.098	33.882	34.990	34.765	30.961	33.539	1.625
980(10%大石)	0.413 42	19.5	33.029	34.245	32.951	30.873	34.314	33.078	1.394
980(0%大石)	0.413 42	18.0	32.108	33.245	30.167	28.363	31.480	31.069	1.878

（3）坍落度试验中坍形与工作性的关系如图 9-4 所示。

（a）40%大石　　　　　　　　　　（b）30%大石

（c）20%大石　　　　　　　　　　（d）10%大石

图 9-4　坍落度试验中的坍形

（总胶凝材料量为 410 kg/m³ 的第二种试验）

（4）试验结果讨论。

① 从 28 d 抗压强度来看（表 9-2 与表 9-4 比较），粗骨料用量在 980 kg/m³，粗骨料组态偏细化后的强度都比加入 50% 大石时差。由表 9-1 可知，在稠度相同时，粗积系数须维持在 2.817 以上才有较佳的工作性及 28 d 抗压强度。

② 粗骨料用量为 980 kg/m³ 时，随着粗骨料的偏细化，虽然坍形大致不变，但粗骨料的包覆性渐差，无法满足第三种填充条件。

综合以上试验，满足工作性的配比定位点为：粗积系数 2.817，粉细系数（稠性系数）0.631 2。

三、中浆试验 1（总胶凝材料量为 350 kg/m³）

1. 第一种试验

粗骨料用量分别为 800 kg/m³、850 kg/m³、900 kg/m³、950 kg/m³、1 000 kg/m³、1 050 kg/m³ 的六组小拌试验。

（1）试验配比及配比评估系数见表 9-5。

表 9-5　总胶凝材料量为 350 kg/m³ 的第一种试验配比

大石 /(kg·m⁻³)	小石 /(kg·m⁻³)	粗砂 /(kg·m⁻³)	细砂 /(kg·m⁻³)	硅酸盐水泥 /(kg·m⁻³)	矿渣粉 /(kg·m⁻³)	粉煤灰 /(kg·m⁻³)	水 /(kg·m⁻³)	外加剂 /(kg·m⁻³)	粗积系数	细积系数	粉细系数	粉粗系数	有效细积
525	525	647	58.0	143	143	64.7	196	3.5	2.517	1.116 9	0.549 2	0.610 3	0.842 2
500	500	683	61.3	143	143	64.7	199	3.5	2.727	1.057 5	0.522 2	0.643 6	0.797 4
475	475	719	64.6	143	143	64.7	203	3.5	2.959	1.003 8	0.497 9	0.680 3	0.757 1
450	450	756	67.8	143	143	64.7	207	3.5	3.217	0.956 0	0.476 2	0.721 4	0.720 8
425	425	792	71.1	143	143	64.7	211	3.5	3.505	0.911 7	0.456 1	0.767 0	0.687 6
400	400	828	74.4	143	143	64.7	215	3.5	3.830	0.872 0	0.438 1	0.818 6	0.657 5

（2）坍落度试验结果及 28 d 抗压强度见表 9-6。

表 9-6　总胶凝材料量为 350 kg/m³ 的第一种试验（小拌试验）结果

粗骨料量 /(kg·m⁻³)	砂率	坍落度 /cm	28 d 抗压强度/MPa					平均抗压强度 /MPa	标准偏差
1 050	0.401 57	19.0	31.402	29.010	31.245	29.157	28.382	29.833	1.385
1 000	0.426 67	16.5	33.961	34.755	35.529	34.304	34.206	34.549	0.619
950	0.452 10	20.0	32.853	35.745	33.627	35.167	35.745	34.627	1.317
900	0.477 78	21.0	30.931	33.520	33.686	29.392	33.176	32.137	1.895
850	0.503 82	22.0	31.029	37.059	33.853	33.373	34.471	33.951	2.170
800	0.530 16	21.5	34.431	34.608	35.451	36.167	34.098	34.951	0.842

（3）坍落度试验中坍形与工作性的关系如图 9-5 所示。

（a）粗骨料用量 1 050 kg/m³

（b）粗骨料用量 1 000 kg/m³

（c）粗骨料用量 950 kg/m³

（d）粗骨料用量 900 kg/m³

（e）粗骨料用量 850 kg/m³

（f）粗骨料用量 800 kg/m³

图 9-5　坍落度试验中的坍形

（总胶凝材料量 350 kg/m³ 的第一种试验）

（4）试验结果讨论。

① 总胶凝材料在 410 kg/m³ 时，试验配比正好满足第二种填充的中浆配比（细积系数在 1 左右）。由表 9-6 可知，粗骨料量与抗压强度成反比，即在满足第二种填充条件时，须考虑如何满足第三种填充条件，使其对抗压强度有正面影响。

② 粗骨料用量大于 950 kg/m³ 时，坍落体表面有许多粗粒料未被砂浆体包覆，难以维持坍形的完整性，也无法满足第三种填充的要求。

③ 图 9-5（c）组态的工作性可被接受，故以此组态再做粗骨料组态的分析试验。

2. 第二种试验

粗骨料用量为 950 kg/m³，按 40%、30%、20%、10%、0% 的大石加量做五组小拌试验。

（1）试验配比及配比评估系数见表 9-7。

表 9-7　总胶凝材料量为 350 kg/m³ 的第二种试验配比

大石 /(kg· m⁻³)	小石 /(kg· m⁻³)	粗砂 /(kg· m⁻³)	细砂 /(kg· m⁻³)	硅酸 盐水泥 /(kg· m⁻³)	矿渣粉 /(kg· m⁻³)	粉煤灰 /(kg· m⁻³)	水 /(kg· m⁻³)	外加剂 /(kg· m⁻³)	粗积 系数	细积 系数	粉细 系数	粉粗 系数	有效 细积
380	570	719	64.6	143	143	64.7	203	3.5	2.931	1.003 8	0.498 2	0.666 2	0.757 1
285	665	719	64.6	143	143	64.7	203	3.5	2.869	1.003 8	0.498 5	0.647 0	0.757 1
190	760	719	64.6	143	143	64.7	203	3.5	2.778	1.003 8	0.498 8	0.623 2	0.757 1
95	855	719	64.6	143	143	64.7	203	3.5	2.661	1.003 8	0.499 1	0.595 4	0.757 1
0	950	719	64.6	143	143	64.7	203	3.5	2.521	1.003 8	0.499 4	0.564 5	0.757 1

（2）坍落度试验及 28 d 抗压强度见表 9-8。

表 9-8　总胶凝材料量为 350 kg/m³ 的第二种试验（小拌试验）结果

粗骨料量 /(kg·m⁻³)	砂率	坍落度 /cm	28 d 抗压强度/MPa					平均抗压强度 /MPa	标准偏差
950(40%大石)	0.452 1	18.0	33.078	33.118	33.794	34.167	32.520	33.333	0.650
950(30%大石)	0.452 1	19.5	31.235	32.039	29.843	32.549	31.098	31.353	1.031
950(20%大石)	0.452 1	17.5	33.069	31.618	30.667	32.206	31.402	31.794	0.901
950(10%大石)	0.452 1	18.5	30.961	30.647	30.647	30.627	30.392	30.657	0.204
950(0%大石)	0.452 1	19.5	30.922	31.549	30.637	32.510	31.696	31.461	0.730

（3）坍落度试验中坍形与工作性的关系如图 9-6 所示。

（a）40%大石　　　　　　　　（b）30%大石

（c）10%大石　　　　　　　　（d）0%大石

图 9-6　坍落度试验中的坍形

（总胶凝材料量 350 kg/m³ 的第二种试验）

（4）试验结果讨论。

① 从 28 d 抗压强度来看，粗骨料用量在 950 kg/m³ 时，粗骨料组态偏细化后的抗压强度都比大石加量 50% 时差，所以粗骨料继续偏细化，并不利于抗压强度。

② 粗骨料用量在 950 kg/m³ 时，随着粗骨料的偏细化，虽然坍形大致不变，但粗骨料的包覆性渐差（低于 30%），坍形开始有"堆积"现象，无法满足第三种填充条件。

综合以上试验，满足工作性的配比定位点为：粗积系数 2.959，粉细系数（稠性系数）0.497 9。

四、中浆试验 2（总胶凝材料量为 290 kg/m³）

1.第一种试验

粗骨料用量分别为 850 kg/m³、900 kg/m³、950 kg/m³、1 000 kg/m³、1 050 kg/m³ 的五组小拌试验。

（1）试验配比及配比评估系数见表 9-9。

表 9-9　总胶凝材料量为 290 kg/m³ 的第一种试验配比

大石 /(kg·m⁻³)	小石 /(kg·m⁻³)	粗砂 /(kg·m⁻³)	细砂 /(kg·m⁻³)	硅酸盐水泥 /(kg·m⁻³)	矿渣粉 /(kg·m⁻³)	粉煤灰 /(kg·m⁻³)	水 /(kg·m⁻³)	外加剂 /(kg·m⁻³)	粗积系数	细积系数	粉细系数	粉粗系数	有效细积
425	425	696	239	111	111	67.5	222	2.9	3.505	0.710 5	0.381 4	0.688 3	0.494 8
450	450	666	229	111	111	67.5	217	2.9	3.217	0.742 0	0.396 0	0.646 2	0.516 7
475	475	637	219	111	111	67.5	213	2.9	2.959	0.776 3	0.411 9	0.608 6	0.540 5
500	500	607	209	111	111	67.5	197	2.9	2.727	0.814 1	0.429 3	0.574 7	0.566 8
525	525	578	199	111	111	67.5	194	2.9	2.517	0.855 6	0.448 5	0.544 1	0.595 7

（2）坍落度试验及 28 d 抗压强度见表 9-10。

表 9-10　总胶凝材料量为 290 kg/m³ 的第一种试验（小拌试验）结果

粗骨料量 /(kg·m⁻³)	砂率	坍落度 /cm	28 d 抗压强度/MPa					平均抗压强度 /MPa	标准偏差
850	0.523 78	21.0	18.441	17.706	17.157	17.314	17.990	17.716	0.518
900	0.498 66	22.0	16.824	16.373	14.931	17.549	17.069	16.549	0.996
950	0.473 86	21.5	15.000	16.167	15.010	17.353	14.814	15.667	1.084
1 000	0.449 37	16.5	15.775	16.480	16.951	15.941	17.029	16.431	0.570
1 050	0.425 13	13.5	19.529	17.294	19.569	17.196	19.559	18.627	1.263

（3）坍落度试验中坍形与工作性的关系如图 9-7 所示。

（a）粗骨料用量850 kg/m³　　（b）粗骨料用量900 kg/m³　　（c）粗骨料用量950 kg/m³

（d）粗骨料用量1 000 kg/m³　　（e）粗骨料用量1 050 kg/m³

图 9-7　坍落度试验中的坍形

（总胶凝材料量 290 kg/m³ 的第一种试验）

（4）试验结果讨论。

① 总胶凝材料量在 290 kg/m³ 时，试验配比为低于满足第二种填充的中贫浆配比（细积系数大约在 0.75），由表 9-10 可知，粗骨料用量与抗压强度成弱反比（粗骨料量为 1 000 kg/m³ 及 1 050 kg/m³ 时抗压强度较好，是因其试验中坍落度较小），但必须考虑如何同时满足第二种填充条件及第三种填充条件。

② 从坍形可以看出，粗骨料用量 1 000 kg/m³ 及 1 050 kg/m³ 时粗粒料含量过多，已无法满足第三种填充的条件，坍体呈柱形且表面有许多粗粒料无砂浆体包覆，难以维持工作性。

③ 粗骨料用量 950 kg/m³ 时的组态工作性可被接受，故以此组态再做粗骨料组态分析试验。

2. 第二种试验

粗骨料用量为 950 kg/m³，按 40％、30％、20％、10％、0％ 的大石加量做五组小拌试验。

（1）试验配比及配比评估系数见表 9-11。

表 9-11　总胶凝材料量为 290 kg/m³ 的第二种试验配比

大石 /(kg·m⁻³)	小石 /(kg·m⁻³)	粗砂 /(kg·m⁻³)	细砂 /(kg·m⁻³)	硅酸盐水泥 /(kg·m⁻³)	矿渣粉 /(kg·m⁻³)	粉煤灰 /(kg·m⁻³)	水 /(kg·m⁻³)	外加剂 /(kg·m⁻³)	粗积系数	细积系数	粉细系数	粉粗系数	有效细积
380	570	637	219	111	111	67.5	196	2.9	2.931	0.776 3	0.412 1	0.596 0	0.540 5
285	665	637	219	111	111	67.5	196	2.9	2.870	0.776 3	0.412 4	0.578 9	0.540 5
190	760	637	219	111	111	67.5	196	2.9	2.779	0.776 3	0.412 7	0.557 6	0.540 5
95	855	637	219	111	111	67.5	196	2.9	2.661	0.776 3	0.412 9	0.532 8	0.540 5
0	950	637	219	111	111	67.5	196	2.9	2.521	0.776 3	0.413 0	0.505 1	0.540 5

（2）坍落度试验及 28 d 抗压强度见表 9-12。

表 9-12　总胶凝材料量为 290 kg/m³ 的第二种试验（小拌试验）结果

粗骨料量 /(kg·m⁻³)	砂率	坍落度 /cm	28 d 抗压强度/MPa					平均抗压强度 /MPa	标准偏差
950（40％大石）	0.473 86	20.0	17.549	18.206	19.078	18.451	18.480	18.353	0.554
950（30％大石）	0.473 86	21.0	16.539	15.382	15.441	15.833	15.088	15.657	0.561
950（20％大石）	0.473 86	18.0	18.167	17.627	18.294	17.931	18.137	18.029	0.259
950（10％大石）	0.473 86	17.5	20.412	19.824	20.980	19.667	20.725	20.324	0.565
950（0％大石）	0.473 86	17.5	18.333	18.520	18.039	18.382	17.510	18.157	0.401

（3）坍落度试验中坍形与工作性的关系如图 9-8 所示。

（4）试验结果讨论。

① 从 28 d 抗压强度来看，粗骨料用量在 950 kg/m³ 时，粗骨料组态偏细化后的抗压强度无明显的变化规律（含 20％、10％、0％ 大石的抗压强度较佳，是因为试验中坍落度较小）。从大石用量 30％ 开始，随着大石用量的减少，坍落度逐渐变小。

（a）40%大石 （b）30%大石

（c）20%大石 （d）10%大石

图 9-8　坍落度试验中的坍形

（总胶凝材料量 290 kg/m³ 的第二种试验）

② 粗骨料用量为 950 kg/m³，且粗骨料使用量小于 30％时，随着粗骨料的偏细化，有许多粗粒料无砂浆体包覆，坍形也趋向柱形化，所以无法满足第三种填充条件。

综合两种试验，满足工作性的配比定位点为：粗积系数 2.959，粉细系数（稠性系数）0.411 9。

五、贫浆试验（总胶凝材料量为 230 kg/m³）

1. 第一种试验

粗骨料用量分别为 850 kg/m³、900 kg/m³、950 kg/m³、1 000 kg/m³、1 050 kg/m³ 的五组小拌试验。

（1）试验配比及配比评估系数见表 9-13。

表 9-13　总胶凝材料量为 230 kg/m³ 的第一种试验配比

大石/(kg·m⁻³)	小石/(kg·m⁻³)	粗砂/(kg·m⁻³)	细砂/(kg·m⁻³)	硅酸盐水泥/(kg·m⁻³)	矿渣粉/(kg·m⁻³)	粉煤灰/(kg·m⁻³)	水/(kg·m⁻³)	外加剂/(kg·m⁻³)	粗积系数	细积系数	粉细系数	粉粗系数	有效细积
450	450	801	165	77	76.5	77.1	192	2.3	3.217	0.567 9	0.315 1	0.556 1	0.329 3
475	475	768	158	77	76.5	77.1	188	2.3	2.959	0.592 5	0.326 6	0.523 5	0.343 4
500	500	735	151	77	76.5	77.1	184	2.3	2.727	0.618 7	0.338 8	0.493 9	0.358 7
525	525	702	145	77	76.5	77.1	180	2.3	2.517	0.647 9	0.352 4	0.467 4	0.375 5
550	550	669	138	77	76.5	77.1	176	2.3	2.326	0.679 5	0.367 2	0.443 1	0.393 9

（2）坍落度试验及 28 d 抗压强度见表 9-14。

表 9-14　总胶凝材料量为 230 kg/m³ 的第一种试验(小拌试验)结果

粗骨料量/(kg·m⁻³)	砂率	坍落度/cm	28 d 抗压强度/MPa					平均抗压强度/MPa	标准偏差
900	0.517 58	15.5	9.696	9.873	9.676	9.990	10.392	9.922	0.291
950	0.493 58	18.0	9.627	9.569	8.980	9.284	9.990	9.490	0.378
1 000	0.469 89	18.0	10.657	9.225	10.588	9.745	9.843	10.010	0.604
1 050	0.446 41	17.0	11.304	11.235	12.069	11.480	11.598	11.539	0.329
1 100	0.423 24	17.0	9.402	11.755	9.745	10.980	9.353	10.245	1.070

(3) 坍落度试验中坍形与工作性的关系如图 9-9 所示。

（a）粗骨料用量900 kg/m³

（b）粗骨料用量950 kg/m³

（c）粗骨料用量1 000 kg/m³

（d）粗骨料用量1 050 kg/m³

（e）粗骨料用量1 100 kg/m³

图 9-9　坍落度试验中的坍形

（总胶凝材料量 230 kg/m³ 的第一种试验）

(4) 试验结果讨论。

① 总胶凝材料量在 230 kg/m³ 时,虽然能满足第三种填充条件,但试验配比为第二种填充严重不足(细积系数在 0.68 以下)的贫浆配比,所以,此时第二种填充影响抗压强度。由表 9-14 可知,粗骨料量与抗压强度成正比,所以应尽量满足第二种填充条件才能对抗压强度产生正面影响。

② 粗骨料用量在 1 000 kg/m³ 以上时,因坍体表面有许多粗粒料无法被砂浆体包覆,难以维持坍形的完整性,所以无法满足第三种填充的条件。其中粗骨料用量在 950 kg/m³ 以下时,砂浆对粗骨料的包覆性较好。

③ 虽然粗骨料量为 1 000 kg/m³ 的组态工作性并不太好,我们试以此组态做粗骨料分析试验,看能否改善其工作性。

2. 第二种试验

粗骨料用量为 1 000 kg/m³,按 40%、30%、20%、10%、0% 大石加量做五组小拌试验。

(1) 试验配比及配比评估系数见表 9-15。

表 9-15　总胶凝材料量为 230 kg/m³ 的第二种试验配比

大石 /(kg·m⁻³)	小石 /(kg·m⁻³)	粗砂 /(kg·m⁻³)	细砂 /(kg·m⁻³)	硅酸盐水泥 /(kg·m⁻³)	矿渣粉 /(kg·m⁻³)	粉煤灰 /(kg·m⁻³)	水 /(kg·m⁻³)	外加剂 /(kg·m⁻³)	粗积系数	细积系数	粉细系数	粉粗系数	有效细积
400	600	735	151	76.5	76.5	77.1	184	2.3	2.701	0.618 7	0.339 1	0.483 8	0.358 7
300	700	735	151	76.5	76.5	77.1	184	2.3	2.645	0.618 7	0.339 4	0.470 0	0.358 7
200	800	735	151	76.5	76.5	77.1	184	2.3	2.561	0.618 7	0.339 7	0.452 7	0.358 7
100	900	735	151	76.5	76.5	77.1	184	2.3	2.452	0.618 7	0.339 9	0.432 7	0.358 7
0	1 000	735	151	76.5	76.5	77.1	184	2.3	2.323	0.618 7	0.340 2	0.410 3	0.358 7

（2）坍落度试验及 28 d 抗压强度见表 9-16。

表 9-16　总胶凝材料量为 230 kg/m³ 的第二种试验(小拌试验)结果

粗骨料量 /(kg·m⁻³)	砂率	坍落度 /cm	28 d 抗压强度/MPa					平均抗压强度 /MPa	标准偏差
1 000(40%大石)	0.469 89	17.0	10.716	11.127	9.951	10.618	10.784	10.637	0.430
1 000(30%大石)	0.469 89	14.5	11.480	11.412	11.902	11.039	10.333	11.235	0.588
1 000(20%大石)	0.469 89	13.0	10.804	11.225	10.931	11.127	10.990	11.020	0.167
1 000(10%大石)	0.469 89	10.0	11.343	11.480	8.980	11.814	10.843	10.892	1.124
1 000(0%大石)	0.469 89	14.5	9.501	10.490	8.677	10.157	9.980	9.765	0.703

（3）坍落度试验中坍形与工作性的关系如图 9-10 所示。

（a）40%大石

（b）30%大石

（c）20%大石

（d）10%大石

（e）0%大石

图 9-10　坍落度试验中的坍形

（总胶凝材料量 230 kg/m³ 的第二种试验）

（4）试验结果讨论。

① 从 28 d 抗压强度来看，粗骨料用量在 1 000 kg/m³ 时，粗骨料组态偏细化后的抗压强度无明显的变化规律。从大石用量 50％ 开始，随着用量的减少，坍落度逐渐变小。

② 在粗骨料用量 1 000 kg/m³ 时，随着粗骨料的偏细化，有许多粗粒料无砂浆体包覆，坍形也趋向柱形化，无法满足第三种填充条件。

综合以上试验，满足工作性的配比须以大石用量 50％ 为定位点，填充系数则为：粗积系数 2.959，粉细系数（稠性系数）0.326 6。

第四节　建构新拌混凝土的工作性

新拌混凝土的工作性是抽象的质量特性，很难以具体的数据来描述。前面我们讨论过，第一种填充因有水胶比限制及粒料间的润滑功能，所以一定是过填充。第二种填充也因有混凝土强度（水胶比 W/B）的要求，会有不同的总胶凝量作为细骨料的填充，所以可能有填充不足或过填充现象。这两种填充在配比设计时，都因"强度"无法任意调整而使所形成的砂浆填充状况以细积系数及稠性系数为最佳参数。反观第三种填充，并无任何理论上的限制，故在配比设计时必须重点考虑，其填充情况的最佳代表参数为粗积系数。

为了解第三种填充对工作性的影响，在上一节中以贫浆、中浆 1、中浆 2、富浆分别做了工作性试验，观察混凝土是否发生离析、粗涩、过稠等不良现象，再以其坍落度、坍形、抗压强度及材料的填实性做综合性判断，经实验结果分析、归类出所需要的新拌混凝土工作性标准，此实验结果以图 9-11 加以说明。

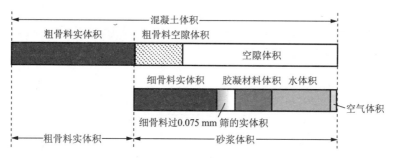

图 9-11　混凝土粒料间的填充关系

（1）在相同的细骨料细度模数（本例细度模数为 2.7）、一定的粗骨料组态（本例大、小石比例为 1∶1）下，任何总胶凝量下都会有相近的粗骨料用量（较佳工作性的用量在 950～980 kg/m³），即混凝土的工作性可用粗积系数来标定。

（2）如图 9-11 所示，总胶凝量的变化只是改变砂浆体的细积系数及稠性系数（这也是不同强度应有的现象，对粗骨料用量的影响并不明显），混凝土的工作性主要还是由粗骨料的"量"及"组态"决定的。

（3）改变粗骨料的组态，就改变了粗骨料所组成的空隙体积，也改变了粗积系数，所以难以维持混凝土原有的工作性。

一、影响配比中粗骨料用量的因素

混凝土的第一要务就是能够提供适合的工作性,而要有适合的工作性,就要使配比有适当的粗骨料使用量(砂率)。从工作性来看,配比粗骨料的用量受到配比中许多其他因素的影响,主要有:① 细骨料的粗细度(细度模数);② 粗骨料的组态(大、小石的比例);③ 胶凝材料总用量。

要使这些因素作数据化调整,就需要了解生产中使用的原材料本身的材质、粒形、级配、密度等数据。通过适当的试验,可以找出这些因素变动时相关隐蔽属性的变化,以保证新拌混凝土的工作性。

二、混凝土工作性的配比管理

步骤一:找出粗骨料用量对细骨料细度模数的变动率

混凝土工作性试验的前提是固定细骨料的细度模数,那么使用不同细度模数的细骨料时又将如何调整呢?

首先,让我们先从标准工作性的混凝土配比进行说明,假设此混凝土的粗骨料总表面积为$S_{粗}$,细骨料总表面积为$S_{细}$,则$S_{粗}/S_{细}=C$(定值),当细骨料的细度模数变大时(一样的质量,粒料变粗),$S_{细}$变小,为了能保持相同的工作性则必须有相同的C值,故必须降低$S_{粗}$,也就是降低粗骨料的用量,反之亦然。这个随着细骨料细度模数变动而调整粗骨料用量的机制,为配比粗骨料用量首要的调整方法,所以,必须借助理论或试验结果找出调整的理论依据。

细骨料的细度模数大小与粗骨料用量成反比,这一理论在所有混凝土配比设计中的应用有两种:

(1)以细骨料细度模数与砂率的关系式作为配比设计数据的来源,一般其细骨料细度模数与配比砂率的关系如图 9-12 所示。

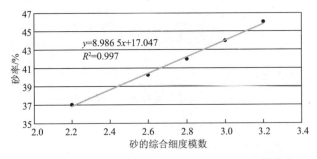

图 9-12　细骨料粗细度(细度模数)与配比砂率的关系(坍落度 18 cm)

因材质、粒形、级配和混凝土坍落度的要求不同,砂率对砂细度模数的变动率一般为$(0.5\%\sim1.0\%)/(0.1$细度模数$)$。

(2)以细骨料细度模数与单位粗骨料粒料容积比的关系式作为配比设计数据的来源。现以混凝土常用的最大骨料粒径 25 mm 为例,其细骨料细度模数与单位粗粒料容积比的关系如图 9-13 所示。

在图 9-13 的相关曲线中,无论在何种坍落度、水胶比下,都成反比关系,斜率可依图形算出:$(0.635-0.5)\div(3.5-2)=0.09$。若粗骨料的紧密密度为 1 650 kg/m³,则每 0.1 细度模

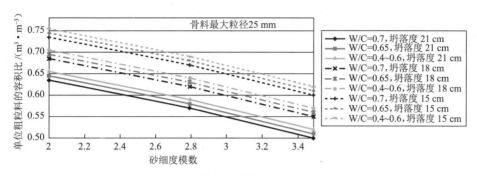

图 9-13　砂细度模数与单位粗粒料容积比的关系

数的粗骨料变动值为：$1\,650 \times 0.09 \div 10 = 14.9$ kg/(0.1 细度模数)。因材质、粒形、级配、混凝土坍落度要求及骨料 SSD 状态不同，粗骨料使用量对砂细度模数的变动率一般采用 $\pm(15\sim25)$ kg/m³/(0.1 细度模数)。

配比粗骨料的使用量时，上述(1)的方法较偏重于经验，在(2)的方法中，单位粗粒料容积的大小与材质、粒形及级配都有关系，这种选择较为科学且计算较简单，故混凝土配比自动管理系统（APMS 系统）采用此种方法。

步骤二：标准工作性配比的建立

依本章第三节混凝土工作性试验做试验，由试验结果分析，找出适合的新拌混凝土工作性配比，计算配比的相关填充数据，作为配比定位点，并在步骤一的条件下建立标准粗积系数，由此数据标定所有生产配比的标准工作性。

步骤三：建构标准工作性的填充基因编码

有了步骤二建立的标准粗积系数，在已知标准粗骨料的用量后，还要考虑粗骨料组态及粉胶凝材料总量的影响。以图 9-11 作说明，粗积系数还会受到粗骨料空隙体积的影响，而粗骨料空隙体积又与粗骨料组态有关。粉胶凝材料总量虽然只影响第二填充的细积系数及砂浆的稠性系数，但因砂浆与粗骨料比表面积相对比率的变化，也会对粗骨料用量有所影响。

建立标准工作性配比试验的前提是固定细骨料细度模数及粗骨料组态。从第三种填充的角度来说，粗积系数是有一定值的，但是对复杂的生产配比来说，砂浆中的粉细料体积会因抗压强度要求、掺合料用量或细骨料中的粉细料量而产生变化。粗骨料的空隙体积也会因料性粗细要求而改变颗粒级配产生变动。涉及粗骨料及砂浆质量定位的数据处理中，只有粉粗系数才能作为其代表值。

在标准粗积系数下，找出不同细骨料的细度模数及不同总粉胶凝量下的粉粗系数，利用相关的回归统计方法，建构生产配比在标准工作性下的全面性粉粗系数数理结构。当材料、工地的要求或环境变动时，生产配比可依需求产生相应的粉粗系数，再由此粉粗系数推算出相应的粗骨料用量。所以，在标准工作性下，对根据细骨料细度模数、粗骨料组态及总粉胶凝量所建构的数理粉粗系数填充编码值，称为新拌混凝土标准工作性的基因编码。

三、APMS 系统对新拌混凝土工作性的处理机制

下面以图 9-11 为例进行说明。

1. 生产过程只有细骨料的细度模数发生变化时

细骨料细度模数变化时，配比的标准工作性也同样发生了变化，此时 APMS 系统会在配

比材料共轭之下,以粗骨料用量对细骨料细度模数的变动率修正粗骨料用量,修正量的大小以达成新的标准粗积系数为准。

粗骨料用量与细骨料的细度模数成反比,所以配比中的粗骨料用量会改变,同时也改变了粗骨料所组成的空隙体积,因而改变了配比原有的标准粗积系数,APMS 系统会在新的细骨料细度模数之下,找出其工作性的填充基因编码(粉粗系数),从而推算出粗骨料用量。

2.只有粗骨料的组态(大、小石比例)发生变化时

标准工作性的配比决定后,若粗骨料组态发生变化,粗骨料所组成的空隙体积被改变,标准粗积系数及混凝土的工作性也会改变。APMS 系统会在标准粗积系数之下,找出其工作性的填充基因编码(粉粗系数)和粗骨料组态变动后的空隙体积,推算出配比的粗骨料用量。

3.只有细骨料的粉细料比例(0.075 mm 筛以下的百分比)发生变化时

虽然粗骨料实体积与砂浆体积的比值仍为定量数据,但细骨料中 0.075 mm 筛以下的百分比发生变化,使过 0.075 mm 筛的实体积改变,虽然并未影响粗积系数,但却改变了稠性系数及粉粗系数,从而形成不同的混凝土填充基因编码,改变了混凝土的工作性。APMS 系统会依改变后的粉胶凝总量,找出合乎标准工作性的填充基因编码(粉粗系数),推算出配比的粗骨料用量。

4.只有胶凝材料总体积(强度或组态)发生变化时

因混凝土抗压强度的要求而改变胶凝材料的用量,使胶凝材料的实体积改变,虽然并未影响粗积系数值,却改变了粉粗系数,形成不同的混凝土填充基因编码,改变了混凝土的工作性。

5.只有用水量(外加剂减水率)减少时

混凝土添加外加剂后,降低了水的使用量,使水的实体积减小,而减少的体积由细骨料填补,所以,理论上并不影响原粗积系数。事实上,细骨料体积的增加会增加一些粉胶凝量,而 APMS 系统还是通过工作性填充基因编码算出相应的粉粗系数,将配比粗骨料的用量稍作调整。

6.只有含气量(因引气剂的引气)增加时

混凝土添加具有引气作用的引气剂后,增加了含气量,因而增加了气体体积,此情形 APMS 系统处理的内容与用水量减少时相同。

由以上讨论可知,要使混凝土具有良好的工作性,就需要做好第三种填充。所以我们必须先以生产用的原材料做"标准"工作性配比,以建立与生产配比的标准工作性,然后建构材料间的填充数据模式,作为运算的基础,最后将这些表达式依其逻辑性写入 APMS 系统中,利用计算机的快速运算,随时提供最正确的生产配比。

第十章

高性能混凝土水胶比与抗压强度的量化

第一节　混凝土配比设计的依据

　　无论使用什么方法计算混凝土配比,确定设计强度($f_{cu,k}$)都是最重要的工作项目,一般由混凝土预拌厂依强度等级设计。事实上,仅依据强度确定混凝土配比是不够的,应该依据订单所列出的工作物条件来确定,混凝土生产厂须根据订单的要求(强度只是条件之一)来确定配比强度。因此,对于混凝土配比的设计强度做出决定的是买方,而问题在于买方大部分并无这方面的专业知识,故混凝土生产厂有必要,也有责任与买方做充分的接洽与沟通。

　　设计强度为混凝土配比设计时的基本条件,在下列条件下,配比设计时要对设计强度进行修正:

　　(1) 在建筑施工时,由于环境温度、养护措施的差异,需要补正混凝土的强度。

　　(2) 保证设计强度的龄期与设计规定强度的龄期不相同。

　　(3) 考虑到耐久性、施工性的需要,而从单位水泥用量、水灰比的限制来确定设计强度。

　　(4) 混凝土的运输方式、浇筑方式或养护条件所引起的混凝土强度变动。

　　(5) 混凝土施工时的坍落度、骨料粗细度有变动时,必须满足施工最高设计强度的要求。

第二节　水胶比与混凝土抗压强度

　　水胶比与混凝土抗压强度之间是有数理依据的,这种数理依据也是混凝土生产配比最重要的依据。生产配比要面对的内、外变动频繁,而应对这些生产变动需要无限组配比,若每组配比都经试拌产生,实际上很难做到。唯有建立材料间的数理关系,输入变动条件后,经数理关系产生对应的配比,水胶比与混凝土抗压强度的数理关系即为众多数理模块之一。理论上,我们只知道水胶比与混凝土的抗压强度成反比,但是以何种数学关系式成反比并不清楚,Abram 于 1919 年提出了 Abram'GGBS 法则,即在无参考数据时,可利用以下关系式来初步估算所需的水灰比:

$$\sigma_c = \frac{A}{B^{15(W/C)}} \tag{10-1}$$

式中　A——经验常数,约为 100 MPa;

　　　　B——水泥特征常数,约为 4;

　　　　σ_c——抗压强度,MPa;

W——用水量，kg/m^3；

C——水泥用量，kg/m^3。

式(10-1)中的 A、B 两常数需另做试验确定。

式(10-1)只给出了纯水泥的混凝土抗压强度关系式，现代混凝土中加入矿物掺合料及外加剂后，材料组合更加复杂，式(10-1)也会变得更加复杂和更难以预测。要找出混凝土抗压强度与水胶比的数学关系式，须对生产的原材料组合进行分类，再配以当地环境条件做混凝土抗压强度与水胶比试验，将试验结果通过统计分析归纳出其中的数理关系式，以为生产所用。

第三节　混凝土的水胶比参数

一、影响水胶比参数的因素

混凝土抗压强度与水胶比的关系较复杂，现将混凝土中所有影响其关系式的质量因子大致分为三大类：

第一类，原材料本身的质量特性。水泥、矿物掺合料的活性及用量，骨料的物理与化学性质，形状、粗、细度，外加剂的减水率及用量，用水量，含气量等。

第二类，原材料间的复合特性。各种矿物掺合料的添加率，水泥、矿物掺合料的组态，粗、细骨料的比例，各种外加剂的使用率、坍落度损失，材料间的填充量化值，各种水参数等。

第三类，环境影响性。气温、干湿度、混凝土暴露的环境等。

以上三类影响水胶比试验结果的因素中，第三类属于无法人为控制的因素，其他两类参数皆可依产地原材料经试验求得。

二、水胶比参数试验的时机与类别

1. 水胶比参数试验的时机

在没有其他相关参数前，不可进行水胶比的试验，否则所得到的水胶比参数会因为没充分掌握其他影响因子而无参考价值。水胶比参数是混凝土配比的终极参数，也是混凝土安全性的数字代表，做生产配比的水胶比参数试验前，须确认以下各种配比参数：

(1) 骨料的密度、吸水率、含水率、粗细度等。

(2) 外加剂的最佳添加量、减水率。

(3) 加入外加剂后最大允许坍落度的用水量。

(4) 粉煤灰的最佳添加率、密度等。

(5) 矿渣粉的最佳添加率、密度等。

(6) 坍落度、砂量、胶结量、砂细度模数等水参数。

(7) 标准组各原材料的使用量。

(8) 第一、二、三种填充的评估系数。

利用以上各种配比参数，计算有关材料复合的特性值（隐蔽特性），并以单位体积为共轭，计算出试验配比。

2.水胶比参数的类别

近代的混凝土因有矿物掺合料及外加剂的加入,水胶比与抗压强度的关系更加复杂,再加上实际生产中可能有时会缺少矿渣粉及粉煤灰,故生产配比的胶凝材料类别必须有以下四种:

(1) 纯水泥:C。

(2) 水泥＋矿渣粉:C＋GGBS(GGBS％),其中 GGBS％为矿渣粉的最佳添加率。

(3) 水泥＋粉煤灰:C＋F(F％),其中 F％为粉煤灰的最佳添加率。

(4) 水泥＋矿渣粉＋粉煤灰:C＋GGBS(GGBS％)＋F(F％)。

第四节　混凝土水胶比与抗压强度试验

一、目的

(1) 以当地的气候环境和使用的原材料、胶凝材料及外加剂做试验,找出水胶比和抗压强度的关系。

(2) 找到矿物掺合料(矿渣粉及粉煤灰)的添加率对抗压强度的影响。

(3) 水胶比是混凝土配比时计算抗压强度的重要依据,经试验找出合理且经济的水胶比。

二、范围

(1) 抗压强度为 $50 \sim 10$ MPa 时的水胶比为 $0.4 \sim 0.9$。

(2) 以环境温度的变化情况区分每年所使用的水胶比组数。

(3) 胶凝材料的组合。

① 水泥(C)。

② 水泥＋矿渣粉(C＋GGBS)。

③ 水泥＋粉煤灰(C＋F)。

④ 水泥＋矿渣粉＋粉煤灰(C＋GGBS＋F)。

以上矿物掺合料的不同比例应予细分。

(4) 目标坍落度设定在 $18 \sim 20$ cm,砂浆坍流度为 $(62 \sim 72)$cm×cm。

三、定义

1.机遇原因与非机遇原因

(1) 机遇原因,包括不可避免的原因、非人为原因、共同原因、偶然原因、一般原因等。

(2) 非机遇原因,包括可避免的原因、人为原因、特殊原因、异常原因、局部原因等。

两种原因的变异见表 10-1。

表 10-1　机遇原因与非机遇原因

机遇原因的变异	非机遇原因的变异
由大量微小原因引起	由一个或少数几个原因引起
不管发生何种机遇原因,其个别变异极为微小	任何一个非机遇原因都可能发生大的变异

机遇原因的变异	非机遇原因的变异
几个比较有代表性的机遇原因如下： ① 原料的微小变异； ② 机械的微小磨损、振动； ③ 仪器测定的误差	几个比较有代表性的非机遇原因如下： ① 原料群体不良； ② 不完全的机械调整，不正常的磨耗； ③ 新手作业人员
实际上要除去生产过程中机遇变异的原因，是非常不经济的	非机遇原因的变异不但可以找出原因，并且除去这些原因，从经济观点上讲是正确的

2. 设计强度及配置强度

（1）设计强度（$f_{cu,k}$）。工作物需要的抗压强度，也是混凝土买卖合约确定的抗压强度。

（2）配置强度（$f_{cu,0}$）。因混凝土生产时，一定会产生抗压变异值，故在抗压值设计时需考虑一定的安全系数，使生产的混凝土能达到设计强度的要求而预设的抗压强度值。

（3）设计强度与配置强度的关系。一般钢筋混凝土结构物在结构设计时，以混凝土 28 d 抗压强度作为设计依据，因此结构物完工后，至少须具有设计强度，否则易导致安全上的问题，所以 $f_{cu,k}$ 即为在混凝土配比设计时的设计强度。由于在材料、拌和和施工时影响混凝土强度的因素较多，按常态分布，若以 $f_{cu,k}$ 作为混凝土的设计强度（$f_{cu,k}$ 为常态分布的中心值），则混凝土的强度将有 50% 的概率低于 $f_{cu,k}$，所以在配比设计时，混凝土的配置强度须高于设计强度，至于 $f_{cu,0}$ 应比 $f_{cu,k}$ 高多少，则须借助统计学来确定。

要求所有混凝土试体的强度均比 $f_{cu,k}$ 高，由统计学的观点，混凝土的平均强度为无限大（强度的常态分布曲线，其两端为渐近线，永不与 X 轴相交），此情形在实际中不可行。一般应在实际允许的范围内，即允许部分试体的强度低于 $f_{cu,k}$，如 100 个试样中有 1 个试样强度低于 $f_{cu,k}$，则混凝土试体可能低于 $f_{cu,k}$ 的概率为 0.01。因此，为使生产的混凝土有 99% 的强度保障率，在做混凝土配比设计时须依混凝土生产的标准偏差提高其强度中心值。

四、混凝土水胶比与抗压强度试验的内容

（1）原材料的准备量须足够完成一次完整的试验。

（2）使用的原材料必须和生产用的原材料有相同的来源。

（3）粗、细骨料须充分拌和，使水分及粒料均匀。

（4）按粗、细骨料筛分析试验要求分别做粗、细骨料的筛分析试验。

（5）粗骨料处理成 SSD 状态（洒水后晾干成面干内饱和状态）。

（6）细骨料做两次以上含水率试验，若两次数值差异较大，须重测。

（7）将水胶比至少分成五个水平，输入相关参数，分别算出 SSD 配比及实际配比。

（8）依需要的试样量，计算试拌的各种材料用量。

（9）依计算好的配比逐袋称量每份配比用料，注意称量好后将试样密封，以避免砂石水分溢散。

（10）外加剂及水在试拌前应称重，以避免水分的蒸发溢散。

（11）依试验室小型试拌作业做相关配比的试拌。

（12）做完小试拌马上依混凝土坍落度测量试验做坍落度试验。

（13）有必要时，需依混凝土空气含量试验方法测试该试拌的空气含量。

（14）完成小试拌的试样，再依混凝土试体制模及养护方法制作试体（试体基本量，28 d 抗压强度至少要有五个以上试体）及进行养护。

（15）试体到达龄期，做试体抗压强度试验。

五、试验结果分析

（1）每组 28 d 试体抗压强度值中，若有数据相对过大或过小，最好由统计学原理分析测试值的合理性，以决定是否使用该数据。

（2）将不合理的数据剔除，并追查发生的非机遇原因，由其余数据（机遇性数据）计算其平均值。

（3）以每一种胶结组态的抗压强度平均值为应变数（Y 轴）、水胶比为自变数（X 轴）作 X、Y 散点图（若有远离回归线的点出现时，检查其试验的坍落度及砂浆坍流度），由回归线得出回归方程式。

（4）依据普通配比设计规程 JGJ 55—2011，计算配置强度（$f_{cu,0}$）。

① 当混凝土的设计强度等级小于 C60 时，配置强度应按照下式确定：

$$f_{cu,0} \geqslant f_{cu,k} + 1.645\sigma \tag{10-2}$$

若具有近 1～3 个月的同一品种、同一强度等级混凝土的强度资料，且试件组数不少于 30 时，其混凝土强度标准差 σ 可通过计算求得。强度等级不大于 C30 的混凝土应取计算结果，且不应≤3.0 MPa；强度等级大于 C30 且小于 C60 的混凝土，应取计算结果，且不应 ≤4.0 MPa。

② 当设计强度等级不小于 C60 时，配置强度应按下式确定：

$$f_{cu,0} \geqslant 1.15 f_{cu,k} \tag{10-3}$$

③ 当没有近期的同一品种、同一强度等级的混凝土强度资料时，其强度标准差 σ 可按照表 10-2 取值。

表 10-2　强度标准差 σ

混凝土强度标准值	≤C20	C25～C45	C50～C55
σ	4.0	5.0	6.0

（5）确定水胶比。

① 将依所有设计强度等级推算的配置强度（$f_{cu,0}$）代入上述（3）中的回归方程式，解该方程式即可得到对应的水胶比。

② 水胶比的选取须考虑试体养护的温度范围，依产地气候可分为 0～20 ℃ 及 20 ℃ 以上两组试验，以作为系统随季节变换之用。

③ 以在各种胶凝材料下的抗压强度与相对的水胶比作柱形图或散点图，即可知各种胶凝组态对 28 d 抗压强度的发展情况。

④ 在相同的强度规格内，将原材料单价代入相应的配比中，即可知该配比的成本单价，如此，可在相同的质量之下找出最经济的配比。

第五节　混凝土水胶比与抗压强度试验实例

一、纯水泥

依上一节的"混凝土水胶比与抗压强度试验"内容做小拌试验,得到表 10-3 的数据。

表 10-3　纯水泥水胶比与抗压强度试验数据

水胶比	GGBS/%	F/%	平均抗压强度/MPa	坍落度/cm	坍流度/(cm×cm)	综合细度模数	砂率/%	工作体积
0.90	0	0	12.81	17.5	70.00	2.60	48.7	193.5
0.85	0	0	13.75	11.5	68.11	2.60	48.2	195.2
0.80	0	0	16.39	8.0	67.13	2.60	47.7	197.2
0.75	0	0	20.75	15.0	64.00	2.63	47.9	202.0
0.707	0	0	19.98	13.0	63.75	2.60	47.2	203.7
0.70	0	0	22.00	19.0	65.79	2.63	47.3	205.0
0.65	0	0	24.63	15.0	72.80	2.63	46.5	208.0
0.60	0	0	30.47	20.0	86.40	2.63	45.7	211.8
0.55	0	0	34.32	22.0	81.09	2.63	44.7	216.6
0.50	0	0	37.09	20.0	93.50	2.63	43.6	222.3
0.45	0	0	40.11	22.0	115.14	2.63	42.2	229.6

由表 10-3 的数据,以抗压强度为因变量,水胶比为自变量,作散点图 10-1,并得出回归方程式:

$$y=144.1e^{-2.7x} \tag{10-4}$$

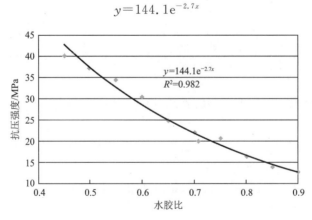

图 10-1　纯水泥水胶比与抗压强度的关系图

二、水泥＋矿渣粉(30%)

依上一节的"混凝土水胶比与抗压强度试验"做小拌试验,得到表 10-4 的数据。

表 10-4　水泥＋矿渣粉水胶比与抗压强度试验数据

水胶比	GGBS/%	F/%	平均抗压强度/MPa	坍落度/cm	坍流度/(cm×cm)	综合细度模数	砂率/%	工作体积
0.85	30	0	14.48	18.0	66.15	2.60	48.2	196.4
0.80	30	0	15.94	19.0	72.42	2.60	47.7	198.5
0.75	30	0	20.18	14.5	64.68	2.63	47.9	203.3
0.70	30	0	23.40	14.5	63.00	2.63	47.3	206.4
0.65	30	0	24.41	18.0	75.99	2.63	46.6	209.5
0.60	30	0	24.88	21.0	79.50	2.63	45.7	213.5
0.55	30	0	28.18	21.0	79.38	2.63	44.8	218.3
0.50	30	0	29.29	20.0	77.76	2.63	43.6	224.2
0.45	30	0	42.08	20.0	84.24	2.63	42.2	231.5

由表 10-4 的数据,以抗压强度为因变量,以水胶比为自变量作散点图 10-2,并得出回归方程式:

$$y=103.6e^{-2.27x} \tag{10-5}$$

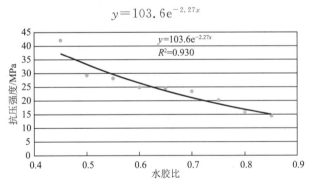

图 10-2　水泥＋矿渣粉水胶比与抗压强度的关系图

三、水泥＋粉煤灰(6%)

依上一节的"混凝土水胶比与抗压强度试验"做小拌试验,得到表 10-5 的数据。

表 10-5　水泥＋粉煤灰水胶比与抗压强度试验数据

水胶比	GGBS/%	F/%	平均抗压强度/MPa	坍落度/cm	坍流度/(cm×cm)	综合细度模数	砂率/%	工作体积
0.75	0	6	13.59	13.0	65.28	2.63	47.2	206.9
0.70	0	6	17.61	16.0	62.72	2.63	46.5	209.6
0.65	0	6	21.68	17.0	64.90	2.70	46.0	214.9

续表 10-5

水胶比	GGBS/%	F/%	平均抗压强度/MPa	坍落度/cm	坍流度/(cm×cm)	综合细度模数	砂率/%	工作体积
0.60	0	6	23.78	18.0	78.97	2.70	45.1	218.5
0.55	0	6	28.10	18.5	76.44	2.70	44.2	223.1
0.50	0	6	35.95	18.0	72.08	2.70	43.0	228.7
0.45	0	6	41.54	19.5	71.76	2.63	41.2	234.0

由表 10-5 的数据,以抗压强度为因变量,以水胶比为自变量作散点图 10-3,并得出回归方程式:

$$y = 211.6e^{-3.60x} \tag{10-6}$$

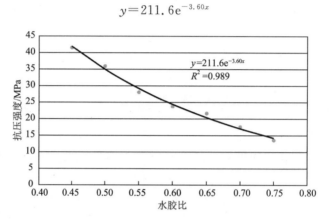

图 10-3　水泥＋粉煤灰水胶比与抗压强度的关系图

四、水泥＋矿渣粉(30%)＋粉煤灰(6%)

依上一节的"混凝土水胶比与抗压强度试验"做小拌试验,得到表 10-6 的数据。

表 10-6　水泥＋矿渣粉＋粉煤灰水胶比与抗压强度试验数据

水胶比	GGBS/%	F/%	平均抗压强度/MPa	坍落度/cm	坍流度/(cm×cm)	综合细度模数	砂率/%	工作体积
0.75	30	6	14.52	18.0	78.50	2.6	46.3	205.3
0.70	30	6	16.56	20.0	79.56	2.6	45.7	208.0
0.65	30	6	18.35	18.0	77.50	2.6	44.9	211.3
0.60	30	6	21.97	20.5	89.64	2.6	44.0	215.0
0.55	30	6	25.26	20.0	86.39	2.6	43.0	219.7
0.50	30	6	29.97	20.0	85.86	2.6	41.8	225.5
0.45	30	6	43.01	20.0	76.32	2.6	40.3	232.7
0.40	30	6	50.58	19.0	69.87	2.6	38.4	242.4

由表 10-6 的数据,以抗压强度为因变量,以水胶比为自变量作散点图 10-4,并得出回归方程式:

$$y = 199.2e^{-3.60x} \tag{10-7}$$

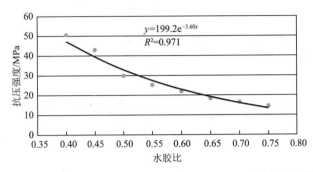

10-4　水泥＋矿渣粉＋粉煤灰水胶比与抗压强度的关系图

五、配比中水胶比的计算

假设混凝土生产厂与买方根据工作物的环境、所需工作性及耐久性等协调确定工作物的设计强度为 30 MPa，出货坍落度为 18～20 cm。该混凝土生产厂生产线生产 30 MPa 的群体标准偏差为 $\sigma = 3.5$ MPa。

计算配置强度（$f_{cu,0}$）：

根据式（10-2）有：$f_{cu,0} = 30 + 1.645 \times 3.5 = 35.76$

故 $f_{cu,0} = 35.76$ 时，依配比不同的组态可分别计算出对应的水胶比：

（1）胶凝材料型态为纯水泥时，由式（10-4）解得 x（水胶比）$= 0.5162$。

（2）胶凝材料型态为水泥＋矿渣粉（30%）时，由式（10-5）解得 x（水胶比）$= 0.4686$。

（3）胶凝材料型态为水泥＋粉煤灰（6%）时，由式（10-6）解得 x（水胶比）$= 0.4938$。

（4）胶凝材料型态为水泥＋矿渣粉（30%）＋粉煤灰（6%）时，由式（10-7）解得 x（水胶比）$= 0.4771$。

第十一章

高性能混凝土配比设计

高性能混凝土是由水泥,粗、细骨料,水,空气,矿物掺合料及外加剂六种性质各异的材料组合而成的复合材料,其中包含了固相、液相及气相。将这些材料以适当的比例组合在一起,使混凝土能发挥预期的质量效果,是高性能混凝土配比设计的目的。然而,生产高性能混凝土,只有良好的配比设计是不够的,还需要考虑如何将这些设计的混凝土配比,有效落实在工程建设的实物上,让工作物发挥应有的特性,这才是混凝土配比设计的核心。

要从事混凝土配比设计,就必须了解混凝土配比的影响因子及配比设计的理论依据。配比设计不仅要针对结构物所处的环境、质量要求进行充分调查,还要对施工方法及施工素质加以了解,更要清楚原材料的质量特性及生产的工程能力,才能正确确定配比。所以,高性能混凝土配比设计,并不只是靠个人经验或实验室提供的数据就能完成的,而是依逻辑方法,根据实务调整的一门科学工艺。

高性能混凝土配比设计要求应满足工作性、强度、耐久性、环保性、经济性的要求,具体内容前面已讲述,这里不再赘述。

第一节 混凝土配比设计资料

一、混凝土配比参数分类

无论混凝土配比如何设计,该混凝土的性能都是由其组成成分量化的状态决定的,即混凝土所处的状态是由这些组成物的量化值来定义的。在推算这些组成物的量化值之前,应先了解这些组成物的特性。

混凝土是由多种物质混合在一起的复杂混合物,各种组成物质本身具有多种质量特性,经混合后又衍生出更多的质量特性,这些质量特性可分为两大类:① 表观属性(Visible Properties),即物质本身所具有的特性;② 隐蔽属性(Invisible Properties),即由两种物质所"复合"的特性。所以,混凝土的特性由各种隐蔽属性来定义,而隐蔽属性则由物质的表观属性来决定,也就是说,虽然不同区域的材料有不同的表观属性,却可经由隐蔽属性的调整得到相同的混凝土特性。

(1)混凝土的表观属性。在做混凝土配比设计时,事先应该知道各组成物本身的特性值,这种特性值是明显可获得的。例如骨料的吸水率、湿重、含泥量、干重、SSD 密度、粗细度(细度模数)、碱活性、磨损率,各种胶凝材料的密度、活性,外加剂密度,含气量,材料质量等。

（2）混凝土的隐蔽属性。在做混凝土配比设计时，由两种以上组成物复合而成的特性值是具有隐蔽性的，须经推算才可获得。例如骨料的表面水率，粗、细石分配率，粗、细砂分配率，细骨料综合细度模数，砂率，水胶比，用水量，外加剂使用率，矿物掺合料使用率，材料填充评估系数等。

混凝土的配比是指在单位体积中，各组成材料之间的比例关系，而混凝土的性质是由这些比例关系决定的。配比的表观属性是由使用的材料决定的，在配比的数据上无法观察出它们对配比特性的影响。但是，将这些配比的表观属性处理后，即可得到想要的配比，这个运算平台就是配比的隐蔽属性，这些隐蔽属性的数据即为配比某种特性的表示，所有隐蔽属性的集合就成为决定混凝土特性的重要指标。

综上所述，想要掌握混凝土的特性，就必须充分掌握混凝土隐蔽属性的意义，由这些隐蔽属性出发，借助某种合理的配比设计法，找出适合的配比；要想让混凝土具备某些特性，在做混凝土配比设计时，就必须针对配比的隐蔽属性确定两件事情：

（1）所需要的配比隐蔽属性。混凝土材料的表观属性所衍生的配比隐蔽属性有很多种，这些隐蔽属性要能完整描述所有配比表观属性间的关系，才能充分掌握混凝土配比的特性。

（2）配比隐蔽属性的正确性。配比隐蔽属性的数据皆因材料的表观属性而来，故正确的配比隐蔽属性是要经由"本土化"材料试验得来的。经验值的隐蔽属性只能作为参考，试验值才是配比设计的重要依据。

二、配比设计的背景资料

混凝土配比设计须依据实际使用材料的试验数据或经验值选择，若背景资料缺失时，可以各种设计方法提供的估计值为依据，以下为高性能混凝土配比设计时所需要的背景资料。

1. 配比的表观属性

选用原材料的下列资料：

（1）粗、细骨料的筛分析资料。

（2）粗骨料的干捣密度。

（3）粗、细骨料的容积密度、吸水率及含水率。

（4）外加剂的密度、减水率。

（5）由选用骨料的经验值所得的拌和水需要量，或由相关规定查得需水量估计值。

（6）水泥及其他胶凝材料的密度。

（7）新拌混凝土的空气含量。

2. 配比的隐蔽属性

（1）在选用的水泥、矿物掺合料及骨料组合中，强度与水灰比（W/C）或水胶比（W/B）的关系式。

（2）水胶比或水灰比的最低要求。

（3）矿物掺合料的最高添加量。

（4）配比的砂率或配比粗骨料的用量。

（5）其他规范的要求。

第二节 混凝土配比设计规程

混凝土配比设计的方法随着地区及规范的不同而有所不同,以我们最常使用的美国混凝土协会(ACI)的设计规程及国家标准(JGJ)中的设计规程进行说明。

一、ACI 211.1—97 混凝土配比设计准则

混凝土配比设计无论采用体积法或重量法,其设计流程必须经过以下八个步骤:

步骤一:确定配比设计条件

(1)选择坍落度。与工作物的需求有关,在混凝土能被有效浇筑的情况下,选用坍落度最小者。不同工作物需要的坍落度不一定相同,不同的坍落度必须有不同的配比,所以从坍落度的角度来看,配比不可能单一处理,必须有连续型的配比。

(2)选择水灰比限制。无特殊耐久性考虑时,配比设计要求平均强度为下述两式计算出的较大值:

$$f_{cu,0} = f_{cu,k} + 1.34\sigma \tag{11-1}$$

$$f_{cu,0} = f_{cu,k} + 2.33\sigma - 3.47 \tag{11-2}$$

式中 $f_{cu,0}$——配置强度,MPa;

  $f_{cu,k}$——设计强度,MPa;

  σ——试验标准偏差。

若试验组数少于 15 组时,$f_{cu,0}$ 按表 11-1 确定。

表 11-1 配置强度与设计强度的关系

$f_{cu,k}$/MPa	<20.58	20.58~34.3	>34.3
$f_{cu,0}$/MPa	$f_{cu,k}$+6.86	$f_{cu,k}$+8.33	$f_{cu,k}$+9.80

若无试验记录则由规定的水灰比设计配比,水灰比规定见表 11-2。有特殊耐久性要求时,水灰比按表 11-3 确定。

表 11-2 最大许可水灰比规定

设计抗压强度 $f_{cu,k}$/MPa	水灰比(质量比)	
	非引气混凝土	引气混凝土
17.15	0.67	0.54
20.58	0.58	0.46
24.01	0.51	0.40
27.44	0.44	0.35
30.87	0.38	依试拌记录
34.30	依试拌记录	依试拌记录

表 11-3　混凝土暴露于特殊环境中的水灰比要求

暴露情况	普通混凝土的最大水灰比	轻质混凝土的 $f_{cu,k}$ 最小值/MPa
具水密性的混凝土	0.50	27.44
在湿润情况下暴露于冻融环境的混凝土	0.45	30.87
暴露于除冰盐、盐水海水或其溅沫之下的钢筋混凝土且考虑防腐蚀	0.40	34.30

步骤二：选择粗粒料的最大公称粒径

最大公称粒径是以某骨料的最大粒径为某号筛的尺寸时，遗留在次一号筛上的骨料不得少于 15%。例如某骨料有 15% 以上停留在 9.5 mm 的标准筛上，则其最大粒径可指明为 12.5 mm，但如仅有 14.5% 停留在 9.5 mm 的标准筛上，则其最大粒径为 9.5 mm。

粗粒料最大公称粒径的选择不得大于下列规定的最小值：

(1) 模板间最小宽度的 1/5。

(2) 混凝土模厚的 1/3。

(3) 钢筋、套管等最小净间距的 3/4。

(4) 泵送混凝土输送管内径的 1/4。

步骤三：估计用水量及含气量

(1) 一定的坍落度之下，影响用水量、含气量的因素有总胶凝量、砂率、细骨料粗细度（细度模数）、外加剂特性等。配比设计者应以本土原材料确定标准用水量及含气量，而不是盲目估计配比用水量。

(2) 按 ACI 211.1—97 中的用水量及含气量估算表确定用水量及含气量，详见表 11-4。

表 11-4　不同坍落度及骨料最大公称粒径下的拌和用水量及含气量要求

不同骨料最大公称粒径(mm)下混凝土的用水量/(kg·m⁻³)								
坍落度/cm 骨料粒径/mm	9.5①	12.5①	19.0①	25.0①	37.5①	50.0①②	75.0②③	150②③
非引气混凝土								
25~50	207	199	190	179	166	154	130	113
75~100	228	216	205	193	181	169	145	124
150~175	243	228	216	202	190	178	160	—
非引气混凝土概略的空气含量/%	3.0	2.5	2.0	1.5	1.0	0.5	0.3	0.2
引气混凝土								
25~50	181	175	168	160	150	142	122	107
75~100	202	193	184	175	165	157	133	119
150~175	216	205	197	184	174	166	154	—

建议暴露标准的平均含气量及总含气量/%								
轻微暴露	4.5	4.0	3.5	3.0	2.5	2.0	1.5④⑤	1.0⑤
中度暴露	6.0	5.5	5.0	4.5	4.5	4.0	3.5④⑤	3.0④⑤
严重暴露⑥	7.5	7.0	6.0	6.0	5.5	5.0	4.5④⑤	4.0④⑤

注:① 表内拌和用水量系于 20~25 ℃试拌时,用以计算水泥用量,适于在可接受限度内的良好形状——棱角形骨料级配的最大用水量。引气混凝土的用水量以中度暴露的总含气量为准,使用卵石时,非引气混凝土通常可少用 18 kg 水,而引气混凝土则可少用 15 kg 水。液态外加剂的量应视为拌和用水的一部分。

② 混凝土含有大于 37.5 mm 骨料的坍落值,是以湿筛移去大于 37.5 mm 颗粒而做的坍落度试验。

③ 表内拌和水用量为当使用标称最大粒径为 75 mm 或 150 mm 的骨料试拌时,用以计算水泥用量,适用于良好形状的粗、细优良骨料级配的平均用水量。

④ 混凝土含有大骨料,在做含气量试验前,须将大于 37.5 mm 的骨料以湿筛法筛除,除去 37.5 mm 骨料后的预期空气含量,列在 37.5 mm 栏内。

⑤ 当大骨料用于低水泥量的混凝土时,引入的空气不至于损害强度。一般而言,引气混凝土会充分降低拌和用水量,改善水灰比而补偿强度降低的影响。对于最大公称粒径骨料,虽甚少或没有暴露于潮湿及冻融环境,但含气量应做严重暴露级的同等考虑。

⑥ 这些值是根据混凝土内砂浆须有 9%空气的标准而制定的,如果水泥砂浆的容积与本标准设计法大不相同时,可由实际水泥砂浆容积的 9%计算需要的含气量。

⑦ 轻微暴露(Mild Exposure)是指混凝土所处的环境不会暴露于冻结或除冰剂的环境中,包括室内或室外。

⑧ 中度暴露(Moderate Exposure)是指混凝土用于冰冻的环境中,但冰冻前混凝土不会长期连续暴露于潮湿或自由水中,且不暴露于除冰剂下或受到其他化学离子的侵蚀。

⑨ 严重暴露(Severe Exposure)是指混凝土暴露于除冰剂或其他侵蚀离子环境中,或在冰冻前混凝土会连续接触潮湿环境或自由水而变为高度饱和状态。

步骤四:计算水泥用量

现代混凝土的胶凝材料除水泥外,还有矿物掺合料(矿渣粉、粉煤灰、硅灰、稻壳灰),这些矿物掺合料的添加比例都是按经验值添加的。

步骤五:计算粗粒料用量

(1) 在没有足够的材料质量信息时,传统做法都是依据经验法设定一个砂率来作为粗、细骨料用量的计算依据。

(2) 按 ACI 211.1—97 中单位体积混凝土所需的干捣粗粒料体积估算表确定粗粒料用量,见表 11-5。

表 11-5　单位体积混凝土所需的干捣粗粒料体积估算表

粒料最大粒径 /mm	不同细度模数砂的单位体积混凝土所需的干捣粗粒料体积			
	2.40	2.60	2.80	3.00
10	0.50	0.48	0.46	0.44
12.5	0.59	0.57	0.55	0.53
20	0.66	0.64	0.62	0.60
25	0.71	0.69	0.67	0.65
40	0.76	0.74	0.72	0.70

粒料最大粒径 /mm	不同细度模数砂的单位体积混凝土所需的干捣粗粒料体积			
	2.40	2.60	2.80	3.00
50	0.78	0.76	0.74	0.72
75	0.81	0.79	0.77	0.75
150	0.87	0.85	0.83	0.81

（3）干捣粗粒料体积是指依 ASTM C29 规定的方法，在干燥情况下捣实得到的体积，这些体积是由经验求得的，适用于普通钢筋混凝土构造物的有适当工作性的混凝土。对不需工作性的混凝土，如铺面结构，可增大约 10%；对泵送浇筑或工作物充满钢筋者，可减少 10%。

（4）由表 11-5 可知，工作性相同时，单位体积混凝土所需的粗粒料体积由骨料最大粒径与细粒料的细度模数决定。由于不同的粒料有不同的形状与级配，其干捣实后的空隙率也不同，因此不同的粒料需有不同的灰浆量来满足工作性的要求。

（5）由表 11-5 查得的干捣实粗骨料体积乘以粗粒料干捣密度，即可转换成每立方米混凝土所需的粗骨料干重。

步骤六：计算细粒料用量

以上各步骤的各种材料用量为一单位体积或质量的一元方程式，解此方程式即可得出细粒料用量。

步骤七：调整粒料含水率

以上计算出的粗、细骨料配比用量为面干内饱和(SSD)状态时的用量，实际的骨料很少正好处于此状态，故须以粗、细骨料的含水状态做配比粗、细骨料及用水量的调整。

步骤八：试拌调整

由上述计算的混凝土配比，用少量实际使用的原材料在试验室中拌和，并验证配比的正确性。

二、JGJ 55—2011 混凝土配比设计准则

步骤一：配置强度的计算

参见第十章第四节的相关内容。

步骤二：水胶比的计算

当混凝土的设计强度等级小于 C60 时，其水胶比宜按下式计算：

$$W/B = \frac{\alpha_a f_b}{f_{cu,o} + \alpha_a \alpha_b f_b} \tag{11-3}$$

式中　W/B——混凝土水胶比；

α_a，α_b——影响系数，由表 11-6 确定；

f_b——胶凝材料的 28 d 抗压强度，MPa，无实测值，可依下式计算：

$$f_b = \gamma_f \gamma_s f_{ce} \tag{11-4}$$

γ_f——粉煤灰的影响系数，可依表 11-7 确定；

γ_s——粒化高炉炉渣粉的影响系数，可依表 11-7 确定；

表 11-6　石种对 W/B 的影响系数

系　数 ＼ 石　种	碎　石	卵　石
α_a	0.53	0.49
α_b	0.20	0.13

表 11-7　矿物掺合料的掺量对 W/B 的影响系数

掺量/% ＼ 种　类	粉煤灰的影响系数 γ_f	粒化高炉炉渣粉的影响系数 γ_s
0	1.00	1.00
10	0.85～0.95	1.00
20	0.75～0.85	0.95～1.00
30	0.65～0.75	0.90～1.00
40	0.55～0.65	0.80～0.90
50	—	0.70～0.85

f_{ce}——水泥的 28 d 抗压强度，MPa，无实测值，可依下式计算：

$$f_{ce} = \gamma_c f_{ce,g} \tag{11-5}$$

γ_c——水泥强度等级值的富余系数，可依表 11-8 确定；

$f_{ce,g}$——水泥强度等级值，MPa。

表 11-8　水泥强度等级对 W/B 的富余系数

水泥强度等级值/MPa	32.5	42.5	52.5
富余系数	1.12	1.16	1.10

步骤三：确定用水量及外加剂用量

每立方米干硬性或塑性混凝土的用水量应符合表 11-9 或表 11-10 的规定。

表 11-9　干硬性混凝土用水量（kg/m³）

拌和物稠度		卵石的最大公称粒径/mm			碎石的最大公称粒径/mm		
项　目	指　标	10.0	20.0	40.0	16.0	20.0	40.0
维勃稠度 /s	16～12	175	160	145	180	170	155
	11～15	180	165	150	185	175	160
	5～10	185	170	155	190	180	165

表 11-10　塑性混凝土用水量（kg/m³）

拌和物稠度		卵石的最大公称粒径/mm				碎石的最大公称粒径/mm			
项　目	指　标	10.0	20.0	31.5	40.0	16.0	20.0	31.5	40.0
坍落度 /mm	10～30	190	170	160	150	200	185	175	165
	35～50	200	180	170	160	210	195	185	175

拌和物稠度		卵石的最大公称粒径/mm				碎石的最大公称粒径/mm			
项　目	指　标	10.0	20.0	31.5	40.0	16.0	20.0	31.5	40.0
坍落度 /mm	55～70	210	190	180	170	220	205	195	185
	75～90	215	195	185	175	230	215	205	195

若使用外加剂则实际用水量须依减水率修正,外加剂用量依总胶量计算。

步骤四:确定胶凝材料、矿物掺合料和水泥的用量

依用水量及水胶比计算总胶凝材料用量,再依矿物掺合料添加率做水泥及各矿物掺合料的分配。

步骤五:确定砂率

(1) 对坍落度小于 10 mm 的混凝土,砂率须经试验确定。

(2) 对坍落度为 10～60 mm 的混凝土,砂率可根据粗骨料的品种、最大公称粒径及水胶比依表 11-11 确定。

(3) 对坍落度大于 60 mm 的混凝土,砂率须经试验确定,或在表 11-11 的基础上依坍落度每增加 20 mm,砂率增大 1% 的幅度调整。

表 11-11　配比设计砂率参考值

水胶比 (W/B)	卵石的最大公称粒径/mm			碎石的最大公称粒径/mm		
	10.0	20.0	40.0	16.0	20.0	40.0
0.4	26～32	25～31	24～30	30～35	29～34	27～32
0.5	30～35	29～34	28～33	33～38	32～37	30～35
0.6	33～38	32～37	31～36	36～41	35～40	33～38
0.7	36～41	35～40	34～39	39～44	38～43	36～41

步骤六:粗、细骨料用量

利用重量法或体积法及砂率程序计算粗、细骨料用量。

步骤七:试配

在试验室模拟配比做小拌试验。

第三节　传统混凝土配比设计讨论

一、两种配比设计的差异

上一节中的两种传统混凝土配比设计流程,除隐蔽属性参数稍有不同外,最大的差异有两个方面:

(1) 粗、细骨料量的计算方法不同。ACI 211.1 是利用不同砂细度模数及不同最大骨料粒径下的干捣粗骨料占混凝土的体积比来推算混凝土所需的粗骨料用量的,而 JGJ 55 是利用

不同水胶比及不同最大骨料粒径下的砂率来分配粗、细骨料的用量。

（2）混凝土强度与水胶比关系的规范不同。ACI 211.1 只对强度的最低水灰比做反向的规定，而 JGJ 55 却对强度直接以式（11-3）做正向推算。

二、两种配比设计的共同点

两种配比设计法需要符合所有原材料的使用要求，故须使用大量的隐蔽属性参数参考表作为设计时各个步骤的原则性参考，整个设计流程大同小异，综合两种设计流程可作成图 11-1 加以说明。

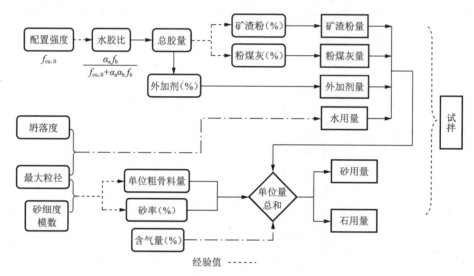

图 11-1　传统混凝土配比设计流程

设计规程中以强度为核心，混凝土的工作性则以用水量及砂率或单位粗骨料量来定义，计算使用的参数大部分为规程中参考表中的经验值（图 11-1 中的虚线值），这些经验值是否符合当下使用的原材料是值得商榷的。混凝土因产地不同，原材料特性亦不同，所使用的计算参数也应该不同，理当以本土材料为基础，经试验建立计算参数。因为经验值的计算参数不够客观，所以这种设计法有必要加以修正。

三、传统配比材料结构间的关系

依据图 11-1 的传统方法所设计的混凝土配比中，组成原材料的结构及原材料间的关系如图 11-2 所示。

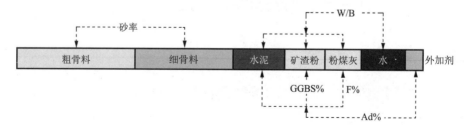

图 11-2　传统配比设计的配比结构

传统配比设计法事实上隐藏了两类最大的缺点：

（1）如图 11-2 所示，粗骨料与细骨料的关系由砂率定义，配比强度由 W/B 定义，矿渣粉、粉煤灰与总胶凝量的关系由 GGBS％及 F％定义，外加剂与总胶凝量的关系由 Ad％定义，但是骨料与胶凝材料之间却无隐蔽属性联结，这表示骨料组成的质量状况与胶凝材料组成的质量状况无关，所以这种配比的定量描述法是不够完整的。

（2）配比的设计都是以各种隐蔽属性的经验值计算的，而配比是具有共轭性的组合，当材料对混凝土的特性需求改变时，配比组合必须重新计算，这种设计方法的各材料间缺乏严谨的逻辑关系，也无合理的数理计算依据，难以应对配比的复杂变动，在配比的研发阶段还适用，但是若面对混凝土生产的变动，其正确性及时效性是存在问题的。

传统混凝土配比设计法既然有上述缺点，若仍然使用在高性能混凝土设计上，不但生产过程中会产生许多困扰，所生产的混凝土质量也会相对不稳定。鉴于此，开发另一种高性能配比设计及管理方法，已成为提升混凝土质量的重要工作。

第四节　高性能混凝土生产的 APMS 系统

商用混凝土的生产有以下三种特殊性：

（1）一种非常"客制化"的商品，即商用混凝土须满足客户多方面的需求，所以混凝土的生产必须具备足够的产品调整能力。

（2）材料非常"多样化"的产品，即使用的原材料不但含固、液、气三相，以及粗、细、大、小颗粒，更因这些原材料来源及生产者不同会表现出不同的混凝土特性。

（3）一种"非库存量产型"的产品，混凝土从新拌至凝固有其一定的时效性，无法库存，必须在短时间内满足客户的大量需求。

基于上述三种特性，混凝土生产时所面对的"变动"问题有：① "客制化"方面的要求有强度、坍落度、料粗细度、早强、水中等。② 原材料的多样化：骨料密度、级配、粗细度、含泥量、含水率，胶凝材料组态（矿物掺合料比率）、特性，外加剂减水率、坍落度损失、用量等，除了这些原材料特性外，更有来源及厂家的复杂性。③ 环境的随机性，包括工作物所处的温度、湿度及其暴露的接触物等。要面对这么多变动的生产，而且是属于非库存量产的型态，要保持产品的稳定性是不可能的。

一、传统混凝土配比管理的生产流程

如图 11-3 所示，调度中心接到工地客户使用混凝土的请求，调度依客户要求转换相应的配比代号传给拌料中心，拌料人员将该代号输入，由固定的配比数据库提取相关配比作拌和，再由搅拌车运送至工地施工。

传统方法生产的混凝土质量变动如图 11-4 所示，因传统生产的配比管理是从人为建立的固定型配比数据库中检取配比，所以当材料、施工、环境等变动时，配比无法随之变动，因而产品质量不稳定。

从质量管理的技术面来看，进料检验及市场反馈不仅代表客户要求及材料的变动，更是生产管理的重要质量信息来源，传统人为固定型（静态）的生产配比是无法实时有效地去修正这些质量变异的。

图 11-3　传统混凝土生产流程

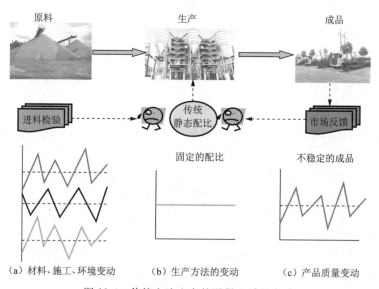

（a）材料、施工、环境变动　　　（b）生产方法的变动　　　（c）产品质量变动

图 11-4　传统方法生产的混凝土质量变动

二、智能型配比管理系统构想

　　因生产条件的变动，传统混凝土配比产品质量很容易不稳定。基于生产变动不能完全避免的事实，我们开发了一套浮动型的配比（动态配比）系统，以便快速计算和设定参数。该动态配比可输出符合要求的混凝土配比，使混凝土的出货质量达到相对稳定，此种配比计算系统称为混凝土配比自动管理系统（Auto Proportion Management System），简称 APMS 系统。针对混凝土生产所面对的种种变异，智能型的 APMS 系统混凝土生产流程修改如下：

　　如图 11-5 所示，调度中心接到客户使用混凝土的请求，调度依客户要求内容转换相应的坍落度、强度、料性、胶凝材料组态配比四要素输入 ERP 中央管理计算机，并参考进料检验及市场回馈的质量信息，实时运算出相应的配比给工控操作计算机，并指挥拌和机拌和，再由搅拌车运送至工地施工。

　　APMS 系统生产的混凝土质量变动如图 11-6 所示，生产的配比管理通过信息化建立的变动型配比数据库检取，所以当材料、施工、环境等变动时，配比可随之变动，因而产品质量相对稳定。

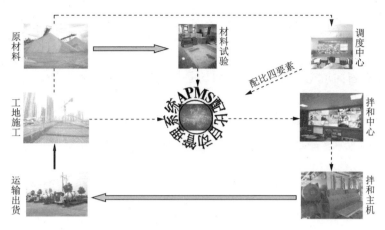

图 11-5　APMS 系统混凝土生产流程

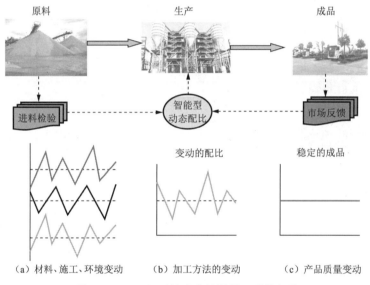

（a）材料、施工、环境变动　　　（b）加工方法的变动　　　（c）产品质量变动

图 11-6　APMS 系统生产的混凝土质量变动

　　从质量管理的技术面来看,进料检验及市场反馈不仅代表客户的要求及材料的变动,更是生产管理的重要质量信息来源。APMS 系统的变动型（动态）生产配比可以实时且有效地修正这些质量的变异。

三、APMS 系统的配比设计

　　针对传统混凝土配比设计与管理的缺点,APMS 系统的配比设计须从实验室的研发延伸到实际生产的配比管理应用,所以,本土原材料数据库的建立及配比材料间关系的数理化使生产配比管理信息化,利用现代信息管理,改善混凝土生产的质量及效率。

　　1. APMS 系统配比设计的原则

　　（1）以完成混凝土五大任务为设计目标,其中以工作性为设计中心。

　　（2）所有材料均以体积法为运算方法。

　　（3）配比的所有隐蔽属性皆由试验单位以本土材料通过相关的试验及分析,建立生产单位专属的配比计算参数。

（4）除了传统配比设计工艺外，还导入混凝土粒料间的填充及级配概念，以填充为主，级配为辅，且将其数据化。

（5）混凝土粒料间填充及级配的最终目的是使混凝土组成致密状态。

（6）配比的水灰比 W/C≥0.42，其中水泥为硅酸盐水泥。

（7）粉煤灰视为细骨料填充物，添加率的计算以细骨料的质量分数为依据。

（8）矿渣粉视为胶凝材料的一种，添加率的计算以矿渣粉占水泥和矿渣粉总量的百分比为依据。

2. APMS 系统配比设计的步骤及内容

APMS 系统配比设计的步骤及内容见表 11-12。

表 11-12　APMS 系统配比设计的步骤及内容

程序编号	程序名称	程序属性	程序的主要目的	相关试验标准编号
P-001	原材料参数	试验	原材料基本表征属性值	S-01～S-21
P-002	理论配比试算程序	程序	编写单一配比用的试算程序	S-32,S-33
P-003	调整配比用水量参数	定义试验	量化用水量与其他原材料用量的影响度	S-01,S-02,S-22,S-25
P-004	制定标准配比	试验	找出在等工作性条件下，作为调整用水量计算的基础配比	S-01,S-02,S-22,S-25
P-005	实际配比试算程序	程序	编写在等工作性条件下的多笔配比试算程序	S-32,S-33
P-006	矿渣粉最佳添加率	定义试验	矿渣粉添加率的试验，各种总胶凝量下的最佳添加率	S-01, S-02, S-21, S-22,S-25～S-27
P-007	粉煤灰最佳添加率	定义试验	粉煤灰添加率的试验，各种总胶凝量下的最佳添加率	S-01, S-02, S-21, S-22,S-25～S-27
P-008	外加剂最佳添加率	试验	外加剂性能的"临界点"，各总胶凝量下的"减水率"，各总胶凝量下的"坍损率"	S-01, S-02, S-16, S-17,S-22,S-25
P-009	骨料联合级配计算及分析	定义程序	每笔配比的骨料级配状况作为不同粒径骨料的调配依据	S-01,S-02,S-18～S-20
P-010	骨料间相互填充模式的量化	定义试验	粗、细骨料孔隙率的数理模式，第二、三种填充的数理模式	S-33
P-011	混凝土首次码基因	定义试验程序	砂综合细度模数导出的填充前级基因值，合理工作性下导出的填充次码基因值	S-01,S-02,S-23,S-25～S-28
P-012	水胶比参数	试验	C,C+GGBS,C+F 及 C+GGBS+F 四种胶凝材料组态下，混凝土强度与水胶比的数理方程式	S-01,S-02,S-23,S-25～S-28
P-013	使用回收水的管理	定义试验程序	允许最高含泥量点的试验，回收水用量管制点的推算，清水、回收水用量的共轭调整	S-01,S-02,S-23,S-25～S-30
P-014	高性能混凝土配比管理	定义试验	配比计算的原则，生产前设备及材料的状况确认	S-01,S-02,S-23,S-31

3. APMS 系统配比设计流程

混凝土配比设计都有相同的设计理念,但按其应用的型态及使用的时机可分为:① 理论配比设计,此配比设计没有总胶凝量、用水量、含气量及坍落度的限制,以单一配比做试验时最适合使用,其设计流程如图 11-7 所示。② 实际配比设计,此配比设计只是不受含气量的限制,总胶凝量、用水量及坍落度等皆受标准组的限制,一般也应用在跨配比的试验中,当在不同配比间希望获得相同的工作性时,就必须以此型态的设计来处理,其设计流程如图 11-8 所示。③ 生产配比设计,此设计方法及流程和实际配比设计完全相同,只是软件程序设计不同,此配比设计可依混凝土生产时所面对的变动问题随时处理,其设计流程如图 11-8 所示。

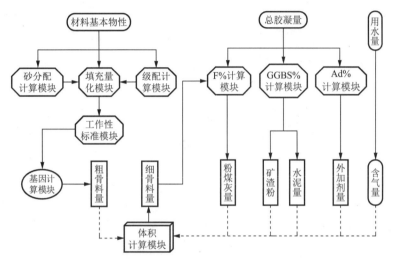

图 11-7　APMS 系统配比设计流程(单一配比用)

APMS 配比设计以工作性为混凝土配比设计的核心,通过试验建立相关的计算模块,按这些计算模块,将本土原材料组构成所需要的混凝土配比。所有配比计算模块以已完成配比的连续级配及粒料间最佳填充为设计目标,且设计过程中所使用的参数不再使用经验值,而是以质控单位通过相关试验建立的参数数据库作为系统计算使用的参数,活化了系统的计算。

对图 11-7 和图 11-8 进行比较,两者的差异只在于后者增加了标准配比模块及水量调整模块,如此流程设计的配比除了符合高性能混凝土的要求外,所有生产配比也可因为这两个计算模块的加入,成为有数理依据的计算,使生产配比得以信息化管理。

配比设计的各种计算模块内容如下:

(1) 砂分配计算模块,即使用两种以上不同粗细度的砂时,配比各种砂使用的分配情形。

(2) 级配计算模块,即粗、细骨料粒度的计算,使混凝土的粒料呈连续级配。

(3) 填充量化模块,即材料间填充的计算,使混凝土有最致密的组构。

(4) 基因计算模块,即以相同工作性为数据所导出的各种混凝土基因计算模块。

(5) 标准配比模块,即系统计算的标准值。

(6) 水量调整模块,即在一定的工作性下,不同配比所需增减的单位用水量。

(7) GGBS％计算模块,即在不同配比中,矿渣粉的最佳添加比例。

(8) F％计算模块,即在不同配比中,粉煤灰的最佳添加比例。

(9) 体积计算模块,即所有材料组成的混凝土单位体积。

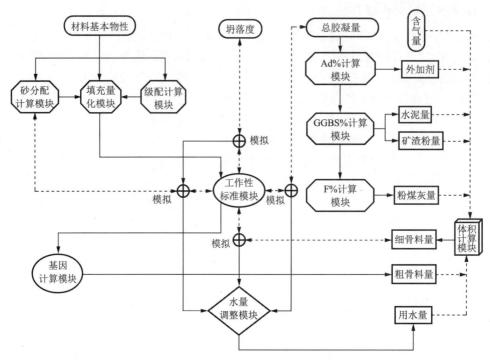

图 11-8　APMS 系统配比设计流程（多笔配比用）

4. APMS 系统配比材料结构间的关系

依据图 11-7 及图 11-8 所设计的混凝土配比可得到其结构如图 11-9 所示。

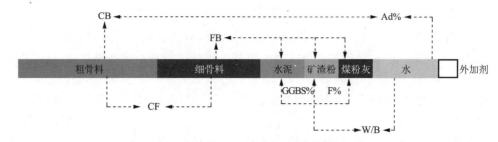

CB—粉粗系数；CF—粗积系数；FB—细积系数

图 11-9　APMS 系统的配比结构

由图 11-9 可知，APMS 系统设计的配比结构可有效改善传统配比设计所得的结果：

（1）配比的粒料间以致密性填充的概念为依据，定义粗、细骨料及胶凝材料间的隐蔽属性（如图 11-9 中的 CB、CF 及 FB），借以联结这些材料间的关系，也掌握了其间的质量变动关系，而不再因骨料与胶凝材料间无关联，难以控制其间的质量状况。

（2）所有配比结构上的隐蔽属性都经由本土材料的表观属性通过试验所建立的数据库而来，而非以经验值为参数。

5. APMS 配比建构的数理计算式

为了达到高性能混凝土的特性要求，其原材料间组合关系的定量描述以下列关系式作为推导依据。

（1）混凝土配比的主算式：

大石/大石密度＋小石/小石密度＋粗砂/粗砂密度＋细砂/细砂密度＋水泥/水泥密度＋矿渣粉/矿渣粉密度＋粉煤灰/粉煤灰密度＋含气量×10＋外加剂/外加剂密度＋水＝1 000

（2）粗、细砂分配率（X、Y）：

$$\begin{cases} X+Y=1 \\ X\times 粗砂细度模数+Y\times 细砂细度模数=砂综合细度模数 \end{cases}$$

（3）砂含水率：

$$砂含水率＝（湿砂质量－干砂质量）/砂\ SSD\ 质量$$

（4）石含水率：

$$石含水率＝（湿石质量－干石质量）/石\ SSD\ 质量$$

（5）粉煤灰添加率：

$$粉煤灰添加率＝粉煤灰质量/（粉煤灰质量＋SSD\ 总用砂质量）$$

（6）矿渣粉添加率：

$$矿渣粉添加率＝矿渣粉质量/（水泥质量＋矿渣粉质量）$$

（7）外加剂添加率：

$$外加剂添加率＝外加剂质量/（水泥质量＋矿渣粉质量＋粉煤灰质量）$$

（8）水胶比（W/B）：

$$水胶比＝配比\ SSD\ 用水量/（水泥质量＋矿渣粉质量＋粉煤灰质量）$$

（9）砂率：

$$砂率＝配比\ SSD\ 砂总用量/（配比\ SSD\ 总砂用量＋配比\ SSD\ 总石用量）$$

（10）填充系数：

$$粗积系数＝除粗骨料以外的单位混凝土体积/粗骨料组成的空隙体积$$

$$细积系数＝（C\ 的体积＋GGBS\ 的体积＋F\ 的体积）/砂组成的空隙体积$$

$$粉细系数（稠性系数）＝\frac{C\ 的体积＋GGBS\ 的体积＋F\ 的体积＋过\ 0.075\ mm\ 砂的体积}{0.075\ mm\ 以上砂的总体积}$$

$$粉煤灰填充率＝粉煤灰体积/砂组成的空隙体积$$

$$粉粗系数（复合系数）＝粗积系数×粉细系数$$

$$＝\frac{C\ 的体积＋GGBS\ 的体积＋F\ 的体积＋过\ 0.075\ mm\ 砂的体积}{石组成的空隙体积}$$

（11）粗骨料实积率：粗骨料组合的单位体积内粗骨料所占的比例（由空隙率试验求得）。

（12）细骨料实积率：细骨料组合的单位体积内细骨料所占的比例（由空隙率试验求得）。

（13）理论粉粗系数：

$$理论粉粗系数＝\frac{粉细体积}{粗骨料空隙体积}$$

$$＝\frac{粉细体积}{理论粗量×\left(\dfrac{大\%}{100×大比}＋\dfrac{100－大\%}{100×小比}\right)÷\dfrac{粗实率}{1－粗实率}}$$

（14）理论粗量：

$$理论粗量（双料时）＝\frac{粉细体积×粗实率}{理论粉粗系数×（1－粗实率）×\left(\dfrac{大\%}{100×大比}＋\dfrac{100－大\%}{100×小比}\right)}$$

$$理论粗量（单料时）＝粉细体积×粗实率×粗密度÷理论粉粗系数÷（1－粗实率）$$

(15) 假性总胶凝量：

假性总胶凝量＝C 的体积＋S 的体积＋F 的体积＋砂过 0.075 mm 筛的体积＋
石过 0.075 mm 筛的体积

第五节　配比设计的应用

混凝土配比设计的最终目的是提供正确的生产配比，通过标准的生产过程，生产出具有优良工作性、安全性、耐久性、环保性及经济性的混凝土。当然，设计的过程需要试验阶段的各种试配及验证，在此过程中只能以单一配比为设计对象，但是商用混凝土的生产需要多种及多样生产配比，以随时应对原材料、环境和客户的需求变化。

针对商用混凝土的生产配比应用，传统配比设计与 APMS 配比设计是有所差异的，传统配比设计只是单一配比的处理，而 APMS 配比设计除了单一配比的处理外，还要考虑生产配比间关系的建构。

一、传统生产混凝土配比数据库

商业混凝土以强度规格及料性分类为最基本的出货配比要素。传统配比中每一笔配比皆以人为试拌结果或经验独立设计，配比为独立且固定的型态，其建构的情形如图 11-10 所示。

独立、固定型的传统混凝土生产配比

人为设定，强度向、料性向、变量向皆无数理联结

— 强度向变量(砂率?) —

强度\料性	20 MPa	25 MPa	30 MPa	35 MPa	40 MPa	45 MPa	50 MPa
直卸料	C+GGBS+F+W+Ag+Ad	C+GGBS+F+W+Ag+Ad	C+GGBS+F+W+Ag+Ad	C+GGBS+F+W+Ag+Ad	C+GGBS+F+W+Ag+Ad	C+GGBS+F+W+Ag+Ad	C+GGBS+F+W+Ag+Ad
泵送料	C+GGBS+F+W+Ag+Ad	C+GGBS+F+W+Ag+Ad	C+GGBS+F+W+Ag+Ad	C+GGBS+F+W+Ag+Ad	C+GGBS+F+W+Ag+Ad	C+GGBS+F+W+Ag+Ad	C+GGBS+F+W+Ag+Ad
水桩料	C+GGBS+F+W+Ag+Ad	C+GGBS+F+W+Ag+Ad	C+GGBS+F+W+Ag+Ad	C+GGBS+F+W+Ag+Ad	C+GGBS+F+W+Ag+Ad	C+GGBS+F+W+Ag+Ad	C+GGBS+F+W+Ag+Ad
细石料	C+GGBS+F+W+Ag+Ad	C+GGBS+F+W+Ag+Ad	C+GGBS+F+W+Ag+Ad	C+GGBS+F+W+Ag+Ad	C+GGBS+F+W+Ag+Ad	C+GGBS+F+W+Ag+Ad	C+GGBS+F+W+Ag+Ad

（左侧竖向标注：料性向变量(W/B?)）

图 11-10　传统混凝土生产配比数据库

在图 11-10 的传统混凝土生产配比数据库中，每一笔数据皆为独立建立的，数据间并无逻辑关联性，即在强度的纵向(料性向)无法保持等强度，在料性的横向(强度向)也无法保持等工作性。每笔配比数据都是由质检根据某一时刻的条件建立的，因客户要求、材料及环境的变动，要长时间保持稳定性更是困难。

二、APMS 生产混凝土配比数据库

APMS 混凝土生产配比数据库的建立方式与传统数据库的建立方式不同,其建构的情形如图 11-11 所示。

智能型(APMS)混凝土生产配比 强度、料性向、变量间都有水参数及填充基因的数理联结							
强度向(不同 W/B,同工作性)							
强度 料性	20 MPa	25 MPa	30 MPa	35 MPa	40 MPa	45 MPa	50 MPa
粗　料	C+GGBS+ F+W+Ag+ Ad	C+GGBS+ F+W+Ag+ Ad	C+GGBS+ F+W+Ag+ Ad	C+GGBS+ F+W+Ag+ Ad	C+GGBS+ F+W+Ag+ Ad	C+GGBS+ F+W+Ag+ Ad	C+GGBS+ F+W+Ag+ Ad
中　料	C+GGBS+ F+W+Ag+ Ad	C+GGBS+ F+W+Ag+ Ad	C+GGBS+ F+W+Ag+ Ad	C+GGBS+ F+W+Ag+ Ad	C+GGBS+ F+W+Ag+ Ad	C+GGBS+ F+W+Ag+ Ad	C+GGBS+ F+W+Ag+ Ad
细　料	C+GGBS+ F+W+Ag+ Ad	C+GGBS+ F+W+Ag+ Ad	C+GGBS+ F+W+Ag+ Ad	C+GGBS+ F+W+Ag+ Ad	C+GGBS+ F+W+Ag+ Ad	C+GGBS+ F+W+Ag+ Ad	C+GGBS+ F+W+Ag+ Ad
极细料	C+GGBS+ F+W+Ag+ Ad	C+GGBS+ F+W+Ag+ Ad	C+GGBS+ F+W+Ag+ Ad	C+GGBS+ F+W+Ag+ Ad	C+GGBS+ F+W+Ag+ Ad	C+GGBS+ F+W+Ag+ Ad	C+GGBS+ F+W+Ag+ Ad

（左侧纵向标注：料性向（不同砂率,同工作性））

图 11-11　APMS 混凝土生产配比数据库

在图 11-11 中,APMS 混凝土生产配比数据库中的每一笔数据间都有逻辑关联性,即在强度的纵向(料性向),因料性的不同会有砂率的变动,砂率的不同又影响坍落度的变化,此时通过水参数的调节可以维持固定的工作性,并调节总胶凝量以维持固定的 W/B,使配比保持等强度。在料性的横向(强度向)虽有 W/B 的变动,但在每种额定的 W/B 下,通过填充基因的要求及水参数的调节来维持固定的工作性,使每种强度下的配比保持相同的工作性。利用这些数理的联结,就可以正确而实时地根据客户要求、材料及环境变动而变动。

混凝土生产配比的设计本质上和实验室所设计的内容相同,但在实际上却有很大的不同。生产配比当然要服从实验室所设计的配比,然而此配比放在生产系统中时,随时要面对客户要求、材料及环境的变动,因而很难维持原设计宗旨,这也是混凝土生产质量控制的盲点,因此,要让实验室所设计的配比能确实应用在混凝土生产系统中,就要做配比产生信息化处理。要做到配比产生信息化,则必须将配比中所有原材料关系做逻辑数理的定量处理,并利用计算机的实时计算,应对生产中的各种变动,除了混凝土配比应有的逻辑运算外,还须建构所有生产配比间的联结运算,所以混凝土生产配比的管理除了在实验室配制出合理的配比外,更须依所配制的基准做生产配比的扩充。

由第一章的讨论可知,高性能混凝土最重要的特性为具有合理的工作性,所以,无论是经实验配制的配比或是生产用的配比皆须符合此特性。APMS 系统的配比设计中加入了基因计算模块来控制所有产生配比的合理性。除此之外,为使生产配比间能建立数理逻辑关系,生产配比的设计还须加上两个运算参数:标准配比参数和水量调整参数。这两个参数的功用及取得方法将在后面的章节分别说明。

标准配比

第一节 混凝土生产配比的特性

一、混凝土生产时配比的变动

商业混凝土的生产需要有大量的原材料,这些原材料的来源和制造很难完全稳定,故所使用的原材料质量是不稳定的,也就是说,来自原材料的变动是必然发生的。混凝土是结构物所需的基本材料,而这些结构物因有不同的形状及所处的位置不同,需要不同质量特性的混凝土,这种不同质量特性的要求,就是混凝土生产中必须处理的变动。混凝土的硬化过程为一种化学反应,环境因素对化学反应的速率及完全性影响较大。同时,硬固后混凝土的耐久性也会随着所处的环境产生物理和化学的变化,因此,这些环境因素的影响在混凝土生产阶段必须加以考虑。

由上述讨论可知混凝土的生产一定会遇到以下三大类变动:

(1)原材料质量的变动,即骨料的粒度、密度、干湿情况、清洁度,胶凝材料的品牌、等级、活性,外加剂的减水性、缓凝性、保坍性等。

(2)结构工作物要求的变动,即混凝土的要求强度、坍落度大小、料性的粗细、泵送的阻力。

(3)环境的变动,即气温、湿度、风速、工作物接触的化学物。

二、改进混凝土生产质量变动的方法

虽然混凝土生产时要面对很多的质量变动因素,但这些影响质量的变动却是可预期的,所以混凝土生产的质量保证系统设计时,必须将这些影响质量的信息因素列入生产程序中,使系统能实时且正确地调整出相应的配比。

所有混凝土生产单位都会在生产过程中,以经验值构建一套以强度为"横向",料性为"纵向"的方阵配比群,然而,其中每一笔配比只能响应设计时所设定的一种变动,配比与配比间是相互独立的,遇到不同的变动时必须通过人工修正,但往往修正比较滞后,且要冒修正时计算错误的风险。这种生产配比管理是混凝土生产企业的质量管理一直无法克服的基本问题。

想要改善生产质量,就必须"活化"生产的配比管理,即将传统配比管理改成连续且活动的配比管理,将所有配比间以数理联结,使所有生产配比成为一群"数理方阵",再利用现代的信息化管理,根据生产所遇到的变动随时修正,以提供最适合的配比,生产客户需要的

混凝土。

要让生产配比成为有效率的数理方阵群,就必须将混凝土的隐蔽属性数据化,在强度等级上,以固定致密化的填充基因及不同的水胶比(W/B)作为控制因素,以保持一定的工作性。在料性类别上,以固定致密化的填充基因及相同的水胶比(W/B)作为控制因素,以保持一定的强度。因为新拌混凝土最重要的任务是具有良好的工作性,所以整体计算的数理依据为所有生产配比须具有一定的工作性,即所有配比的设计必须以材料维持一定的致密化基因数据为依据。

第二节 标准配比的应用

一、作为生产配比数理计算的基准

生产配比信息化后,配比间须有一定的计算数理依据,但是每笔配比依配比四要素组成,故每笔配比的组态皆不相同。为使所有配比计算有所依据,必须先建立相关的标准配比,使同系列的混凝土可依此标准配比计算出各材料的用量。

标准配比为 APMS 系统计算的基础之一,配比中的表观属性及隐蔽属性都是该系列混凝土计算的基础状态或数据,标准配比的两种属性包括:

(1)配比的胶凝材料组态(C,C+GGBS,C+F,C+GGBS+F)。

(2)配比的胶凝材料总量。

(3)配比的 SSD 用砂量。

(4)配比的 SSD 粗骨料量。

(5)细骨料的粗细度。

(6)配比的 SSD 用水量。

(7)外加剂的形式及其使用率。

(8)配比的总含泥量。

(9)配比的粒料级配情况。

二、作为混凝土的分类依据

近年来,各种矿物掺合料及外加剂大量添加于混凝土中,因而产生了各具特性的混凝土,也使得混凝土的种类更加复杂化。混凝土配比设计中工作性为最先被考虑的质量特性,故用水量就是最先考虑的事项,而左右混凝土用水量的两大因素为:新拌混凝土的坍落度;混凝土所使用的外加剂的减水率。因此,生产标准配比的分类以下述三个条件为前提:

(1)第一顺位条件为所使用的外加剂的种类。生产所使用的外加剂大部分具有减水性,至少须分出高或低效减水剂的标准配比。

(2)第二顺位条件为新拌混凝土的坍落度。这里以最大坍落度 18 cm 为设计目标。

(3)第三顺位条件为胶凝材料的组态,即纯水泥(C)、水泥+矿渣粉%(C+GGBS%)、水泥+粉煤灰%(C+F%)、水泥+矿渣粉%+粉煤灰%(C+GGBS%+F%)。

在上述三个条件下,对生产厂所使用的原材料经试验分别建立各类配比标准组。标准配比所具有的配比信息必须非常清楚,图 12-1 所示为标准配比应有的配比信息。

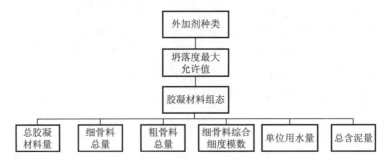

图 12-1　标准配比的分类及内容

在上述三个条件之下,经试验找出以下配比信息:

(1) 配比的总胶凝材料用量(kg/m³),即水泥＋矿物掺合料的量。

(2) 配比的细骨料用量(kg/m³),即细骨料面干内饱和(SSD)时的总量。

(3) 配比的粗骨料用量(kg/m³),即粗骨料面干内饱和(SSD)时的总量。

(4) 配比的细骨料综合细度模数。

(5) 配比的单位用水量(kg/m³),即在粗、细骨料皆为面干内饱和(SSD)条件下的用水量。

(6) 配比的细骨料含泥量(%)。

第三节　建立标准配比的方法

一、标准组建立的说明

1. 目的

(1) 在相同工作性的要求下,因混凝土中胶凝材料的组成不同、外加剂类型不同,配比会有不同的其他成分组态,故有必要分别设定标准组态,在相同胶凝材料组态、相同的外加剂下,其他成分依此标准状态增减。

(2) 建立混凝土的“标准样子”,此混凝土型态必须有合理的工作性及合乎基本要求的抗压强度。

(3) 建立一组可量化混凝土配比的标准值,并将这些混凝土的材料使用量作为 APMS 系统计算同系列混凝土配比的基准值。

2. 标准组的分类原则

(1) 胶凝材料:水泥、水泥＋矿渣粉、水泥＋粉煤灰、水泥＋矿渣粉＋粉煤灰。

(2) 矿物掺合料百分比:矿渣粉百分比、粉煤灰百分比。

(3) 外加剂的种类:随供料商供应的类别、型号而有所不同。

3. 定义及公式

(1) 矿渣粉添加率。因将粉煤灰视为一种填充材料,所以矿渣粉比例定义为加上水泥后其所占的百分比。

(2) 粉煤灰添加率。粉煤灰添加量以该配比的 SSD 砂使用量来定额:

$$矿渣粉添加率(\%)=\frac{矿渣粉的质量}{矿渣粉的质量＋水泥的质量} \qquad (12\text{-}1)$$

$$粉煤灰添加率(\%)=\frac{粉煤灰的质量}{粉煤灰的质量＋SSD砂的质量} \qquad (12\text{-}2)$$

4.标准组的设定条件

（1）以所有生产配比的强度中间值配比作为设定对象，一般是以 30 MPa 的粗料配比为对象。

（2）砂综合细度模数必须为 2.6 或 2.7。

（3）普通混凝土的胶凝材料量必须为 280～320 kg/m³,自密实混凝土（SCC）必须为 400～450 kg/m³。

（4）胶凝材料的组态,包括水泥、矿渣粉、粉煤灰的组合及用量。

（5）外加剂的性质。

① 外加剂的制造商、型号及所属类别。

② 外加剂的密度、固含量、用量及减水率。

③ 外加剂的减水率为生产单位以其使用的骨料所得的试验结果。

5.粗骨料用量的设定

标准组试验是通过砂浆试验完成的,故只需将一般经验的粗骨料使用量作为计算依据即可。

二、标准组试验程序

（1）将试验用砂先充分混合均匀,再依粗、细骨料筛分析试验的标准做筛分析。

（2）试验用砂的综合细度模数尽量调配在 2.5～2.9 间。

（3）确定胶凝材料的质量。

（4）利用上述结论确定粗骨料用量。

（5）用水量以外加剂种类为试验的操纵变因,以 10 kg/m³ 为一级距,至少取三个水平以上的用水量。

（6）胶凝材料分为 C、C＋GGBS、C＋F、C＋GGBS＋F 四大类,再依 GGBS 及 F 的使用百分比,分别计算出相关配比。

（7）依试验室砂浆拌和试验标准做坍流度试验。

三、结果分析

（1）试验得到的坍流度为因变变因（Y 轴）,用水量为操纵变因（X 轴）,以各种组态状况分别作散点图,然后利用统计方法分别求出回归方程。

（2）将混凝土砂浆的目标坍流度 72 cm×cm（混凝土坍落度为 18～20 cm）左右,分别代入上述方程式求出用水量。

（3）将求得的用水量依其相关条件推算出每种组态的标准配比。

四、标准组建立的实例

以 A、B 两种外加剂标准配比的建立为实例加以说明。

1.标准组配比的相关条件

(1) 粗骨料使用量为 1 000 kg/m³,小石/大石＝50％/50％。

(2) 胶凝材料组态为 C＋GGBS＋F,总胶凝材料量为 300 kg/m³。

(3) 外加剂在该点的最佳用量为 0.8％。

(4) 目标坍落度为 18～20 cm,对应的砂浆坍流度为 65～72 cm×cm。

(5) 细骨料的细度模数为 2.7,含泥量为 4.1％。

(6) A、B 两外加剂皆为聚羧酸系列产品,密度约为 1.04。

(7) 矿渣粉添加率为 50％。

(8) 粉煤灰添加率为 8％。

2.A、B 两种外加剂标准组试验

依上述条件,将单位用水量分为 175 kg/m³、180 kg/m³、185 kg/m³、190 kg/m³、195 kg/m³ 五个水平,分别计算出试验配比及试验结果,列于表 12-1。

表 12-1　试验配比及试验结果

配 比							坍流度/(cm×cm)	
用水量/(kg·m⁻³)	粗砂/(kg·m⁻³)	细砂/(kg·m⁻³)	水泥/(kg·m⁻³)	矿渣粉/(kg·m⁻³)	粉煤灰/(kg·m⁻³)	外加剂/(kg·m⁻³)	A 剂	B 剂
175	733.8	115.9	113.1	113.1	73.9	2.4	37.24	29.24
180	722.8	114.1	113.6	113.6	72.8	2.4	52.80	35.10
185	712.0	112.4	114.2	114.2	71.7	2.4	56.25	53.11
190	701.1	110.7	114.7	114.7	70.6	2.4	72.80	58.75
195	690.2	109.0	115.3	115.3	69.5	2.4	76.50	70.38

以表 12-1 的砂浆坍流度为因变量,用水量为自变量作图 12-2。

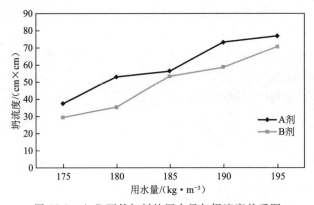

图 12-2　A、B 两外加剂的用水量与坍流度关系图

五、结果分析

(1) 由图 12-2 可分别求出使用 A、B 两种外加剂的回归方程。

$$\text{A 剂：坍流度}＝1.970\ 4×\text{用水量}－305.406 \tag{12-3}$$

$$\text{B 剂：坍流度}＝2.118\ 6×\text{用水量}－342.625 \tag{12-4}$$

（2）以坍流度 72 cm×cm 为目标值，分别代入式(12-3)和式(12-4)中计算出使用 A、B 两种外加剂的标准组用水量为：A 剂 192 kg/m³，B 剂 196 kg/m³。

（3）以上述用水量分别计算出使用 A、B 两种外加剂的混凝土配比标准组态，列于表 12-2。

表 12-2　A、B 两种外加剂的混凝土配比标准组态

外加剂	胶凝材料组态	总胶凝材料量/(kg·m⁻³)	SSD 用砂量/(kg·m⁻³)	SSD 用石量/(kg·m⁻³)	SSD 用水量/(kg·m⁻³)	砂细度模数	坍落度/cm
A 剂	C+GGBS(50%)+F(8%)	300	809	1 000	192	2.7	18
B 剂	C+GGBS(50%)+F(8%)	300	799	1 000	196	2.7	18

第四节　标准配比与外加剂减水率试验的关系

通过前面的讨论，我们知道使用外加剂的混凝土建立标准配比试验的先决条件为该外加剂的品牌及型别。因为外加剂会影响标准配比的用水量及工作性，所以只要是不同的外加剂被使用于混凝土生产，必须先确认其标准配比组态。换言之，我们也可以利用标准配比试验来确认该外加剂的减水率值，所以标准配比试验及外加剂的减水率试验两者实为一体的两面，一般可以一次试验决定两方面的结果。

标准配比试验与外加剂减水率试验的差别在于外加剂减水率试验须对该外加剂之外的材料再做一次计划组的比对试验。下面列举几个标准配比与外加剂减水率试验的实例。

一、砂浆试验用细骨料筛分析结果

砂浆试验用细骨料筛分析结果见表 12-3。

表 12-3　细骨料砂筛分析表

试验目的								样本量：约 600 g		
试验时间		试验人员		粗砂分配比率/%	83.08	细砂分配比率/%	16.92	综合 μ_f		2.70
样品名称	粗　砂				细　砂			混合后过筛值	规　范	
筛　号	累积留筛		过筛值	混合比	累积留筛		过筛值	混合比	下限值	上限值
mm	g	%	%	%	g	%	%	%	%	%	%
9.5	0.00	0.00	100.00	83.08	0.00	0.00	100.00	16.92	100.00	100	100
5.0	25.30	3.21	96.79	80.42	0.00	0.00	100.00	16.92	97.33	95	100
2.5	246.50	31.25	68.75	57.12	0.00	0.00	100.00	16.92	74.03	80	100
1.18	407.70	51.69	48.31	40.14	0.00	0.00	100.00	16.92	57.05	45	80
0.6	524.20	66.46	33.54	27.86	1.50	0.42	99.58	16.84	44.71	25	60
0.3	621.10	78.75	21.25	17.66	17.40	4.88	95.12	16.09	33.75	10	30

续表 12-3

试验目的										样本量：约 600 g	
试验时间		试验人员		粗砂分配比率/%	83.08	细砂分配比率/%		16.92		综合 μ_f	2.70
样品名称	粗　砂				细　砂				混合后 过筛值	规　范	
筛　号	累积留筛		过筛值	混合比	累积留筛		过筛值	混合比		下限值	上限值
mm	g	%	%	%	g	%	%	%	%	%	%
0.15	724.30	91.83	8.17	6.78	172.90	48.44	51.56	8.72	15.50	2	10
0.075	765.60	97.07	2.93	2.43	330.10	92.49	7.51	1.27	3.70	0	5
底　盘	788.70	100.00	0.00	0.00	356.90	100.00	0.00	0.00	0.00		
μ_f 值	3.14			2.609	0.54			0.091	2.70		
含泥量/%	2.93			2.430	7.51			1.270	3.70		

二、外加剂最佳使用量试验

（1）试验条件。

① 砂综合细度模数为 2.7；② 用水量为 195 kg/m³；③ 粗骨料使用量为 1 000 kg/m³。

（2）以外加剂使用率为自变量，砂浆坍流度为因变量做砂浆小拌试验得表 12-4 的结果。

表 12-4　外加剂使用率试验配比内容及结果

外加剂 /%	粗砂 /(kg·m⁻³)	细砂 /(kg·m⁻³)	水泥 /(kg·m⁻³)	矿渣粉 /(kg·m⁻³)	粉煤灰 /(kg·m⁻³)	水 /(kg·m⁻³)	外加剂 /(kg·m⁻³)	坍流度 /(cm×cm)
0.8	638.6	157.1	117.7	117.7	64.5	195.0	2.4	45.9
0.9	638.1	156.9	117.8	117.8	64.5	195.0	2.7	57.8
1.0	637.5	156.8	117.8	117.8	64.4	195.0	3.0	60.8
1.1	637.8	156.9	117.8	117.8	64.4	195.0	3.3	51.1

（3）依表 12-4 的试验结果，以外加剂使用率为自变量，砂浆坍流度为因变量作图 12-3。

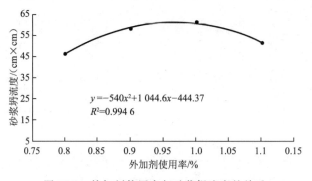

$$y = -540x^2 + 1\ 044.6x - 444.37$$
$$R^2 = 0.994\ 6$$

图 12-3　外加剂使用率与砂浆坍流度的关系

（4）由图 12-3 可知，该配比的最佳外加剂使用率为 0.9%～1.0%，所以以下试验配比中该外加剂的使用率为 0.9%。

三、外加剂减水率及标准配比试验

1. 未加外加剂的计划组的砂浆坍流度试验

未加外加剂的计划组试验配比及结果见表12-5。

表 12-5 未加外加剂的计划组试验配比及结果

外加剂 /%	粗砂 /(kg·m⁻³)	细砂 /(kg·m⁻³)	水泥 /(kg·m⁻³)	矿渣粉 /(kg·m⁻³)	粉煤灰 /(kg·m⁻³)	水 /(kg·m⁻³)	外加剂 /(kg·m⁻³)	坍流度 /(cm×cm)
0.0	646.9	159.1	117.3	117.3	65.4	190.0	0.0	15.58
0.0	635.1	156.2	117.9	117.9	64.2	200.0	0.0	22.1
0.0	622.6	153.1	118.6	118.6	62.9	210.0	0.0	30.8
0.0	610.1	150.0	119.2	119.2	61.6	220.0	0.0	39.9
0.0	598.3	147.2	119.8	119.8	60.4	230.0	0.0	53.76

2. 加外加剂且胶凝材料组态为 C＋GGBS50％＋F7.5％ 的砂浆坍流度试验

加外加剂且胶凝材料组态为 C＋GGBS50％＋F7.5％ 的试验配比及结果见表12-6。

表 12-6 加外加剂且胶凝材料组态为 C＋GGBS50％＋F7.5％ 的试验配比及结果

外加剂 /%	粗砂 /(kg·m⁻³)	细砂 /(kg·m⁻³)	水泥 /(kg·m⁻³)	矿渣粉 /(kg·m⁻³)	粉煤灰 /(kg·m⁻³)	水 /(kg·m⁻³)	外加剂 /(kg·m⁻³)	坍流度 /(cm×cm)
0.9	644.3	158.5	117.5	117.5	65.1	190.0	2.7	38.95
0.9	638.1	156.9	117.8	117.8	64.5	195.0	2.7	57.80
0.9	631.8	155.4	118.1	118.1	63.8	200.0	2.7	58.80
0.9	625.5	153.9	118.4	118.4	63.2	205.0	2.7	61.25
0.9	620.0	152.5	118.7	118.7	62.6	210.0	2.7	73.44

3. 加外加剂且胶凝材料组态为 C＋GGBS50％ 的砂浆坍流度试验

加外加剂且胶凝材料组态为 C＋GGBS50％ 的试验配比及结果见表12-7。

表 12-7 加外加剂且胶凝材料组态为 C＋GGBS50％ 的试验配比及结果

外加剂 /%	粗砂 /(kg·m⁻³)	细砂 /(kg·m⁻³)	水泥 /(kg·m⁻³)	矿渣粉 /(kg·m⁻³)	粉煤灰 /(kg·m⁻³)	水 /(kg·m⁻³)	外加剂 /(kg·m⁻³)	坍流度 /(cm×cm)
0.9	681.8	167.7	150.0	150.0	0.0	185.0	2.7	39.90
0.9	675.4	166.1	150.0	150.0	0.0	190.0	2.7	51.84
0.9	668.9	164.5	150.0	150.0	0.0	195.0	2.7	57.60
0.9	662.5	162.9	150.0	150.0	0.0	200.0	2.7	65.00
0.9	656.0	161.4	150.0	150.0	0.0	205.0	2.7	72.80

4. 加外加剂且胶凝材料组态为 C＋F7.5％ 的砂浆坍流度试验

加外加剂且胶凝组态为 C＋F7.5％ 的试验配比及结果见表12-8。

表 12-8　加外加剂且胶凝材料组态为 C＋F7.5％的试验配比及结果

外加剂 /%	粗砂 /(kg·m⁻³)	细砂 /(kg·m⁻³)	水泥 /(kg·m⁻³)	矿渣粉 /(kg·m⁻³)	粉煤灰 /(kg·m⁻³)	水 /(kg·m⁻³)	外加剂 /(kg·m⁻³)	坍流度 /(cm×cm)
0.9	654.7	161.0	233.9	0.0	66.1	190.0	2.7	42.57
0.9	648.5	159.5	234.5	0.0	65.5	195.0	2.7	47.47
0.9	643.0	158.2	235.0	0.0	65.0	200.0	2.7	56.35
0.9	636.8	156.6	235.7	0.0	64.3	205.0	2.7	58.80
0.9	630.5	155.1	236.3	0.0	63.7	210.0	2.7	61.50

5. 加外加剂且胶凝材料为纯水泥的砂浆坍流度试验

加外加剂且胶凝材料为纯水泥的试验配比及结果见表 12-9。

表 12-9　加外加剂且胶凝材料为纯水泥的试验配比及结果

外加剂 /%	粗砂 /(kg·m⁻³)	细砂 /(kg·m⁻³)	水泥 /(kg·m⁻³)	矿渣粉 /(kg·m⁻³)	粉煤灰 /(kg·m⁻³)	水 /(kg·m⁻³)	外加剂 /(kg·m⁻³)	坍流度 /(cm×cm)
0.9	689.6	169.6	300.0	0.0	0.0	190.0	2.7	46.00
0.9	683.1	168.0	300.0	0.0	0.0	195.0	2.7	58.31
0.9	676.7	166.4	300.0	0.0	0.0	200.0	2.7	61.20
0.9	670.2	164.8	300.0	0.0	0.0	205.0	2.7	61.50
0.9	663.8	163.3	300.0	0.0	0.0	210.0	2.7	78.44

6. 试验结果讨论

(1) 将表 12-5～12-9 中各种砂浆坍流度的试验结果作成相关散点图,并得出回归方程,如图 12-4 所示。

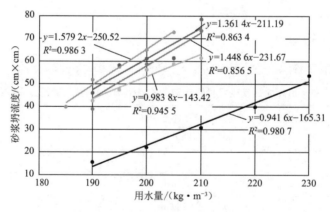

图 12-4　外加剂减水率及标准配比试验

(2) 由图 12-4 中的相关回归方程式可推算出相同坍流度条件下的用水量及外加剂的减水率,见表 12-10。

表 12-10 各种胶凝材料组态下的外加剂减水率推算表

组 别	回归方程式	用水量/(kg·m⁻³)	减水率/%
未加外加剂之计划组	坍流度＝0.941 6×用水量－165.31	252	—
胶凝材料组态:C＋GGBS50％＋F7.5％	坍流度＝1.448 6×用水量－231.67	210	16.7
胶凝材料组态:C＋GGBS50％	坍流度＝1.579 2×用水量－250.52	204	19.0
胶凝材料组态:C＋F7.5％	坍流度＝0.983 8×用水量－143.42	219	13.1
胶凝材料组态:C	坍流度＝1.361 4×用水量－211.19	208	17.5

注:以坍流度 72 cm×cm 为工作性目标值。

（3）依据表 12-10 所得的配比用水量,再根据标准配比的相关条件可算出各种胶凝材料组态下的标准配比,见表 12-11。

表 12-11 各种胶凝材料组态下的标准配比

胶凝材料组态	粗骨料量/g	胶凝材料量/g	SSD 砂量/g	用水量/g	砂细度模数	含泥量/%
C＋GGBS50％＋F7.5％	1 000	300	795.6	194.4	2.7	3.83
C＋GGBS50％	1 000	300	840.7	190.3	2.7	3.83
C＋F7.5％	1 000	300	805.9	196.6	2.7	3.83
C	1 000	300	856.2	191.9	2.7	3.83

第十三章

混凝土配比用水量调整

混凝土配比单位用水量须按第三章高性能混凝土外加剂及第四章高性能混凝土用水量所叙述的方法,用生产所使用的原材料安排相关的试验,并做统计分析,确定各生产配比的外加剂用量和对应的用水量。这种混凝土用水量的确定,只是简单的生产单位所使用的原材料在某些总胶凝材料下的额定基准用水量。但实际混凝土生产时,一定会有材料、环境及客户需求的变动,这些变动都会影响混凝土的单位用水量。如何在额定基准用水量下,根据变动来调整用水量才是我们应该关注的。具体来说,在混凝土生产过程中,混凝土一般由配比强度、坍流度、胶凝材料组态、材料粗细四个要素组成。这四个因素的改变会牵动用水量的变化,如何在每种变动中增减水量,满足混凝土所需要的特性,就是本章要深入探讨的内容。

第一节 配比用水量的调整参数

一、水参数的概念

前面我们讨论过,混凝土配比中的单位用水量受到多种因素影响,我们只知道这些因素的定性影响,例如:单位用水量与用砂量成正比、单位用水量与砂细度模数成反比等。若能通过试验找出单位用水量与这些因素的定量关系,就可将所有的影响量综合在一起,得到一个正确的单位用水量,使配比呈现混凝土所需的工作性,进而与胶凝材料使用量结合,使水胶比得以控制。在做影响配比单位用水量因素的定量试验之前,我们先讨论以何种质量特性来定额其量化值。因为混凝土配比最重要的是提供施工所需的工作性,故工作性即为量化的质量特性。

任何一种混凝土配比在加入水参数的修正后,可因其特性而增加或减少用水量,以维持配比的工作性,这个定量化的参照数据即为该影响因素的水参数。使用水参数的前提是已建立该系列配比的标准组态,因为水参数的计算是以标准组的内容作为计算的依据。配比标准组已设定好混凝土的特性,配比纵向及横向的改变会改变该混凝土的特性,加入水参数的补偿修正,以维持标准组态的原有特性,是水参数设立的初衷。所以任何同系列配比的用水量,皆可用下式表达:

单位用水量=标准组用水量±砂细度模数水参数×与标准组比较的细度模数变动量±

砂量水参数×与标准组比较的用砂量变动量±胶凝材料量水参数×与标准组比较的胶凝材料量变动量±坍落度水参数×与标准组比较的坍落度变动量±含泥量水参数×与标准组比较的含泥量变动量   (13-1)

大多混凝土预拌厂出货时经常犯的错误是：工地因工作物的需要经常会更改混凝土的坍落度、砂率，或者因细骨料来源不同而使细度模数发生改变，配比系统中又没有水参数的修正，单位用水量必然不正确，水胶比一定变化，使强度不稳定，所得到的工作性也很难保证。

二、影响混凝土配比用水量的因素

改变混凝土坍落度的因素很多，其中最有效的方法就是调整用水量。要使混凝土有一定的坍落度，在其他相对条件（胶结量、胶凝材料组态、砂率、外加剂量等）下可通过调整用水量来维持。影响混凝土坍落度的因素可由混凝土生产所面临的内外变动来区分。

1. 来自生产内部的变动（生产应处理的变动）

（1）粗、细骨料进料：粗骨料粒形、细骨料细度模数、骨料含泥量、骨料含水率的变动。

（2）不同强度的需求：胶凝材料的增减及组态的变化。

（3）不同料性的需求：同强度的混凝土因骨料大小的需要作砂率的变动。

（4）不同粗骨料的最大粒径及组态：粗骨料总用量及大、小石的组配。

（5）使用不同的外加剂：不同的外加剂有不同的减水率及初、终凝时间。

（6）胶凝材料的形态：水泥及其他矿物掺合料的形态。

（7）是否使用回收水。

2. 来自生产外部的变动（客户要求、原材料来源及环境变动）

（1）混凝土坍落度的要求：来自建筑物的不同坍落度要求。

（2）混凝土施工方式：泵送、管漏、自卸、吊罐等。

（3）原材料来源变动。

（4）环境的温、湿度变动。

3. 混凝土生产时面对的内、外部变动

混凝土配比用水量的增减原则如下：

（1）胶凝材料用量与单位用水量成正比（特别是添加粉末度较大的胶凝材料或烧失量较高的粉煤灰时）。

（2）混凝土坍落度增减时，用水量随之增减。

（3）骨料最大粒径变得较大时，单位用水量减少。

（4）粗骨料级配偏细化（通过 4.75 mm 筛的量增加），单位用水量增加。

（5）细骨料偏细化（细度模数变小，通过 4.75 mm 筛的量增加），单位用水量增加。

（6）使用棱角或针片状的碎石过多时，单位用水量增加。

（7）细骨料比例增加时（砂率变大），单位用水量增加。

（8）使用引气剂或减水剂时，单位用水量大幅度减少。

（9）混凝土的环境温度增高时，单位用水量增加。

（10）使用回收水拌和时，单位用水量增加。

综合以上配比用水量的增减原则可知，在一定的胶凝材料组态及不变的原材料来源之下，配比中的各种组成材料有坍落度、总胶凝材料量、总用砂量、砂细度模数等变动时，必须做用水量修正，以维持混凝土原有的坍落度。

三、配比用水量影响因子试验

由上述讨论可知,我们根据混凝土生产配比的四要素来制定配比,过程中会涉及用水量的变化,我们知道用水量与坍落度、总胶凝材料量、总用砂量成正比,而与砂细度模数成反比,但是我们并不知道其间的定量值,更不确定这四个要素间是否会产生交互作用来干扰我们的量化值,所以有必要先探讨这四个因子的影响度及交互作用。

坍落度是小拌后才会得到的质量特性,为用水量的表征特性,所以实验时以用水量大小来取代坍落度大小,由此可知用水量与总胶凝材料量、总用砂量、砂细度模数并无交互作用,其余因子间可能会有交互作用产生,故安排以下 $L_{27}(3^{13})$ 正交试验。

1. 试验计划

(1) 操纵变因的因子及水平选择(表 13-1)。

表 13-1　实验因子及其水平

因子代号	因　　子	水平 1	水平 2	水平 3
A	总胶凝材料量/(kg·m⁻³)	250	350	450
B	总用砂量/(kg·m⁻³)	800	950	1 100
C	砂综合细度模数	2.8	3.0	3.2
D	用水量/(kg·m⁻³)	160	165	170

(2) 由表 13-1 中的因子及其水平的匹配计算出相关配比,做砂浆坍流度试验。

(3) 每组试验重复两次。

(4) 粉煤灰添加率为 8%。

(5) 外加剂的使用聚羧酸,添加率为 1.2%。

(6) 矿渣粉使用率为 20%。

(7) 先期试验:上表 D 因子的最低用水量,须以 A3B3C1 条件做先期的砂浆试验,以砂浆坍流度值在 50 cm×cm 之下设定 D 因子的最低用水量。

(8) 以表 13-2 为依据,利用参数配比计算程序计算试验配比。

表 13-2　$L_{27}(3^{13})$ 正交配列表

试验编号	行												
	A	B	A×B	A×B	C	A×C	A×C	B×C	误	D	B×C	误	误
1	1	1	1	1	1	1	1	1	1	1	1	1	1
2	1	1	1	1	2	2	2	2	2	2	2	2	2
3	1	1	1	1	3	3	3	3	3	3	3	3	3
4	1	2	2	2	1	1	1	2	2	2	3	3	3
5	1	2	2	2	2	2	2	3	3	3	1	1	1
6	1	2	2	2	3	3	3	1	1	1	2	2	2
7	1	3	3	3	1	1	1	3	3	3	2	2	2

续表 13-2

试验编号	行												
	A	B	A×B	A×B	C	A×C	A×C	B×C	误	D	B×C	误	误
8	1	3	3	3	2	2	2	1	1	1	3	3	3
9	1	3	3	3	3	3	3	2	2	2	1	1	1
10	2	1	2	3	1	2	3	1	2	3	1	2	3
11	2	1	2	3	2	3	1	2	3	1	2	3	1
12	2	1	2	3	3	1	2	3	1	2	3	1	2
13	2	2	3	1	1	2	3	2	3	1	1	3	2
14	2	2	3	1	2	3	1	3	1	2	2	1	3
15	2	2	3	1	3	1	2	1	2	3	2	3	1
16	2	3	1	2	1	3	2	3	3	1	1	3	1
17	2	3	1	2	2	1	3	1	1	2	3	1	2
18	2	3	1	2	3	1	2	2	2	3	1	1	3
19	3	1	3	2	1	3	2	1	3	2	2	1	3
20	3	1	3	2	2	1	3	2	1	3	2	1	3
21	3	1	3	2	3	2	1	3	2	1	3	2	1
22	3	2	1	3	1	3	2	2	1	3	3	2	1
23	3	2	1	3	2	1	3	3	2	1	1	3	2
24	3	2	1	3	3	2	1	1	3	2	2	1	3
25	3	3	2	1	1	3	2	3	2	1	3	2	1
26	3	3	2	1	2	1	3	1	3	2	3	2	1
27	3	3	2	1	3	2	1	2	1	3	1	3	2
成 分	a	b	a	a	c	a	a	b	a	a	b	a	a
		b	b²		c	c²	c	b	b²	c²	b²	b
						c	c²		c	c²		c	c²

（9）确定 A、B、C、D 四个因子间的交互作用，即 A×B、A×C、B×C。A 配置在第 1 列，B 配置在第 2 列，C 配置在第 5 列，A×B 出现在 3、4 列，A×C 出现在 6、7 列，B×C 出现在 8、11 列，其余各列为误差项。

（10）54 次实验以抽签的方式执行。

（11）依砂浆试验标准做相关的砂浆坍流度试验。

（12）检定分析主效果及因子交互作用效果，依其显著性做下一步试验。

2.试验用砂筛分析

本试验为砂浆小拌试验，砂为主要基材，故依试验砂综合细度模数的三个水平分别计算其级配状态，试验用砂的筛分析数据及结果见表 13-3～13-5，依试验结果作图 13-1～13-3。

表 13-3　砂综合细度模数为 2.80 时的筛分析表

试验目的	水参数正交试验										
试验时间		试验人员		粗砂分配比率/%	32.44	细砂分配比率/%		67.56	综合细度模数		2.80
样品名称	粗　砂				细　砂				混合后过筛值	规　范	
筛　号	累积留筛		过筛值	混合比	累积留筛		过筛值	混合比		下限值	上限值
mm	g	%	%	%	g	%	%	%	%	%	%
9.5	0.00	0.00	100.00	32.44	0.00	0.00	100.00	67.56	100.00	100	100
4.75	1.80	0.25	99.75	32.36	0.00	0.00	100.00	67.56	99.92	95	100
2.36	167.40	23.60	76.40	24.78	0.80	0.12	99.88	67.48	92.27	75	100
1.18	374.70	52.82	47.18	15.30	229.90	33.40	66.60	44.99	60.30	50	90
0.6	505.40	71.24	28.76	9.33	405.30	58.88	41.12	27.78	37.11	30	60
0.3	590.80	83.28	16.72	5.42	524.10	76.14	23.86	16.12	21.54	8	30
0.15	642.40	90.56	9.44	3.06	631.50	91.75	8.25	5.58	8.64	0	10
0.075	672.20	94.76	5.24	1.70	677.00	98.36	1.64	1.11	2.81	0	5
底　盘	709.40	100.00	0.00	0.00	688.30	100.00	0.00	0.00	0.00		
细度模数	3.21			1.041	2.60			1.759	2.80		
含泥量/%	5.24			1.070	1.64			1.11	2.81		

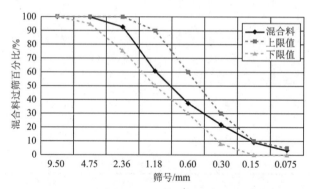

图 13-1　砂综合细度模数 2.80 时的筛分析图

表 13-4　砂综合细度模数 3.00 时的筛分析表

试验目的	水参数正交试验										
试验时间		试验人员		粗砂分配比率/%	65.36	细砂分配比率/%		34.64	综合细度模数		3.00
样品名称	粗　砂				细　砂				混合后过筛值	规　范	
筛　号	累积留筛		过筛值	混合比	累积留筛		过筛值	混合比		下限值	上限值
mm	g	%	%	%	g	%	%	%	%	%	%
9.5	0.00	0.00	100.00	65.36	0.00	0.00	100.00	34.64	100.00	100	100
4.75	1.80	0.25	99.75	65.20	0.00	0.00	100.00	34.64	99.83	95	100

续表 13-4

试验目的	水参数正交试验										
试验时间	试验人员		粗砂分配比率/%	65.36			细砂分配比率/%	34.64	综合细度模数	3.00	
样品名称	粗　砂				细　砂				混合后过筛值	规　范	
筛　号	累积留筛		过筛值	混合比	累积留筛		过筛值	混合比		下限值	上限值
mm	g	%	%	%	g	%	%	%	%	%	%
2.36	167.40	23.60	76.40	49.94	0.80	0.12	99.88	34.60	84.54	75	100
1.18	374.70	52.82	47.18	30.84	229.90	33.40	66.60	23.07	53.91	50	90
0.6	505.40	71.24	28.76	18.80	405.30	58.88	41.12	14.24	33.04	30	60
0.3	590.80	83.28	16.72	10.93	524.10	76.14	23.86	8.26	19.19	8	30
0.15	642.40	90.56	9.44	6.17	631.50	91.75	8.25	2.86	9.03	0	10
0.075	672.20	94.76	5.24	3.43	677.00	98.36	1.64	0.57	4.00	0	5
底　盘	709.40	100.00	0.00	0.00	688.30	100.00	0.00	0.00	0.00		
细度模数	3.21		2.098		2.60		0.902				
含泥量/%	5.24		3.43		1.64		0.57		4.00		

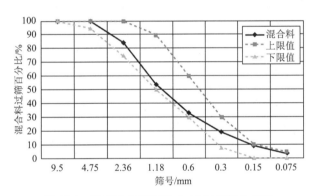

图 13-2　砂综合细度模数 3.00 时的筛分析图

表 13-5　砂综合细度模数 3.20 时的筛分析表

试验目的	水参数正交试验										
试验时间	试验人员		粗砂分配比率/%	98.28			细砂分配比率/%	1.72	综合细度模数	3.20	
样品名称	粗　砂				细　砂				混合后过筛值	规　范	
筛　号	累积留筛		过筛值	混合比	累积留筛		过筛值	混合比		下限值	上限值
mm	g	%	%	%	g	%	%	%	%	%	%
9.5	0.00	0.00	100.00	98.28	0.00	0.00	100.00	1.72	100.00	100	100
4.75	1.80	0.25	99.75	98.03	0.00	0.00	100.00	1.72	99.75	95	100
2.36	167.40	23.60	76.40	75.09	0.80	0.12	99.88	1.71	76.81	75	100
1.18	374.70	52.82	47.18	46.37	229.90	33.40	66.60	1.14	47.51	50	90

续表 13-5

试验目的			水参数正交试验								
试验时间		试验人员		粗砂分配比率/%	98.28	细砂分配比率/%		1.72	综合细度模数		3.20
样品名称	粗　砂				细　砂				混合后过筛值	规　范	
筛　号	累积留筛		过筛值	混合比	累积留筛		过筛值	混合比		下限值	上限值
mm	g	%	%	%	g	%	%	%	%	%	%
0.6	505.40	71.24	28.76	28.26	405.30	58.88	41.12	0.71	28.97	30	60
0.3	590.80	83.28	16.72	16.43	524.10	76.14	23.86	0.41	16.84	8	30
0.15	642.40	90.56	9.44	9.28	631.50	91.75	8.25	0.14	9.42	0	10
0.075	672.20	94.76	5.24	5.15	677.00	98.36	1.64	0.03	5.18	0	5
底　盘	709.40	100.00	0.00	0.00	688.30	100.00	0.00	0.00	0.00		
细度模数	3.21		3.155		2.60			0.045	3.20		
含泥量/%	5.24		5.15		1.64			0.03	5.18		

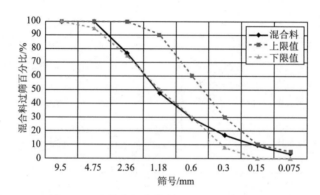

图 13-3　砂综合细度模数 3.20 时的筛分析图

3. 试验结果

试验结果见表 13-6。

表 13-6　54 次砂浆坍流度试验记录

试验编号	行													试验值（坍流度）	
	A	B	A×B	A×B	C	A×C	A×C	B×C	误	D	B×C	误	误		
1	1	1	1	1	1	1	1	1	1	1	1	1	1	143.40	141.60
2	1	1	1	1	2	2	2	2	2	2	2	2	2	133.38	133.40
3	1	1	1	1	3	3	3	3	3	3	3	3	3	111.50	115.20
4	1	2	2	2	1	1	1	2	2	2	3	3	3	118.90	112.20
5	1	2	2	2	2	2	2	3	3	3	1	1	1	120.40	119.35
6	1	2	2	2	3	3	3	1	1	1	2	2	2	98.80	99.00
7	1	3	3	3	1	1	1	3	3	3	2	2	2	84.24	87.36

续表 13-6

试验编号	行													试验值（坍流度）	
	A	B	A×B	A×B	C	A×C	A×C	B×C	误	D	B×C	误	误		
8	1	3	3	3	2	2	2	1	1	1	3	3	3	67.21	74.26
9	1	3	3	3	3	3	3	2	2	2	1	1	1	70.50	75.20
10	2	1	2	3	1	2	3	1	2	3	1	2	3	136.40	131.15
11	2	1	2	3	2	3	1	2	3	1	2	3	1	115.00	116.82
12	2	1	2	3	3	1	2	3	1	2	3	1	2	137.25	132.37
13	2	1	2	3	1	1	2	3	2	3	1	3	1	2	81.09	75.00
14	2	2	3	1	2	3	1	3	1	2	1	2	3	105.45	107.73
15	2	3	1	2	3	1	2	1	2	3	2	3	1	106.20	106.15
16	2	3	1	2	1	2	3	3	1	2	2	3	1	60.72	58.05
17	2	3	1	2	2	3	1	1	2	3	3	1	2	76.50	71.04
18	2	3	1	2	3	1	2	2	3	1	1	2	3	62.10	58.50
19	3	1	3	2	1	3	2	1	3	2	1	3	2	73.00	68.60
20	3	1	3	2	2	1	3	2	1	3	2	1	3	86.19	96.80
21	3	1	3	2	3	2	1	3	2	1	3	2	1	83.78	85.33
22	3	2	1	3	1	3	2	2	1	3	3	2	1	57.60	59.80
23	3	2	1	3	2	1	3	3	2	1	1	3	2	44.40	53.68
24	3	2	1	3	3	2	1	1	3	2	2	1	3	68.15	67.20
25	3	3	2	1	1	3	2	3	2	1	2	1	3	25.20	29.68
26	3	3	2	1	2	1	3	1	3	2	3	2	1	32.70	36.04
27	3	3	2	1	3	2	1	2	1	3	1	3	2	50.40	46.20

4.试验管理检查

求同一条件下两个数据的范围 R 并作图 13-4，以了解数据是否有非机遇性变异。

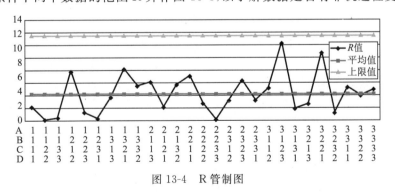

图 13-4　R 管制图

全距平均值：$\overline{R}=3.5$。

R 管制图的上限值：$D_4\overline{R}=3.27\times3.5=11.45$。

由此可见，数据全在 R 管制范围内，表示数据组内变异在管制状态，组间变异是有意义的。

167

5.要因分析

要因变异分析见表 13-7。

表 13-7　各要因变异分析表

列　号	要　因	水平 1 的和	水平 2 的和	水平 3 的和	单项变异	合并变异
1	A	1 905.9	1 737.57	1 064.75	22 010.3	22 010.3
2	B	2 041.22	1 601.1	1 065.9	26 507.3	26 507.3
5	C	1 543.99	1 590.4	1 573.83	61.5	61.5
10	D	1 454.9	1 590.84	1 662.48	1 235.2	1 235.2
3	A×B	1 516.22	1 657.91	1 534.09	661.6	695.5
4	A×B	1 580.32	1 549.26	1 578.64	33.9	
6	A×C	1 640.08	1 591.47	1 476.67	782.3	2 115.7
7	A×C	1 681.35	1 564.45	1 462.42	1 333.4	
8	B×C	1 597.4	1 549.13	1 561.69	69.7	249.5
11	B×C	1 608.06	1 572.39	1 527.27	179.8	
9	误　差	1 622.83	1 593.09	1 492.3	520.0	1 007.6
12	误　差	1 616.92	1 592.76	1 498.54	434.7	
13	误　差	1 588.69	1 545.71	1 573.82	52.9	

由表 13-7 中的数据可以得出:

(1) 修正项 CT＝410 506.2。

(2) 全变异 S＝541 65.81。

(3) 全变异自由度 ψ＝53。

(4) 误差合并项判断临界值:

$F(2,33;0.05)＝3.285$　　　$F(2,33;0.10)＝2.471$　　　$F(2,33;0.01)＝5.312$

$F(4,33;0.05)＝2.658$　　　$F(4,33;0.10)＝2.123$　　　$F(4,33;0.01)＝3.948$

(5) 误差项合并后见表 13-8。

表 13-8　各要因误差合并分析

要　因	变异 S	自由度 ψ	变异数 V	变异数比 F_0	误差合并后 F_0	$\alpha＝1\%F$
A	22 010.3	2	11 005.2	281.3	268	5.194 4
B	26 507.3	2	13 253.7	338.8	317.8	
C	61.5	2	30.75	0.786	…	5.194 4
D	1 235.2	2	617.6	15.8	15.04	
A×B	695.5	4	173.9	4.45	4.23	3.842 5
A×C	2 115.7	4	528.9	13.52	12.88	
B×C	249.5	4	62.4	1.60	…	
误差 E	1 290.8	33	39.12			
合　计	54 165.8	53				

合并后的误差变异 $S=1\,601.8$，而误差的自由度 $\psi=39$，所以误差的变异数 $V=41.070$，临界值的计算如下：

$$F(2,39;0.05)=3.238 \qquad F(4,39;0.05)=2.612$$
$$F(2,39;0.01)=5.19 \qquad F(4,39;0.01)=3.84$$

从表 13-8 的 F 值与 F_0 值检定中，可以判定主因子 A（配比的总胶凝材料量）、主因子 B（配比的总用砂量）及 D（用水量）对砂浆坍流度有非常明显的影响，A×B 及 A×C 的交互作用虽也有明显影响，但远比主因子小。

（6）各主因子对混凝土砂浆坍流度的影响程度可由图 13-5 比较得出。

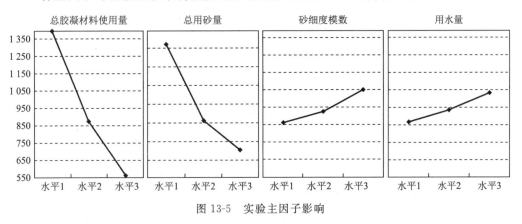

图 13-5　实验主因子影响

（7）坍流度的影响因子寄与率见图 13-6，其计算如下：

$$\rho_A=[(22\,010.3-2\times41.07)/54\,165.8]\times100=40.48$$
$$\rho_B=[(26\,507.3-2\times41.07)/54\,165.8]\times100=48.78$$
$$\rho_D=[(1\,235.2-2\times41.07)/54\,165.8]\times100=2.13$$
$$\rho_{A\times B}=[(695.5-4\times41.07)/54\,165.8]\times100=0.98$$
$$\rho_{A\times C}=[(2\,115.7-4\times41.07)/54\,165.8]\times100=3.75$$
$$\rho_E=100-40.48-48.78-2.13-0.98-3.75=3.88$$

由图 13-6 可知，因子 B（配比的总用砂量）的影响占全变动的 48.78％，因子 A（配比的总胶凝材料使用量）的影响占全变动的 40.48％。

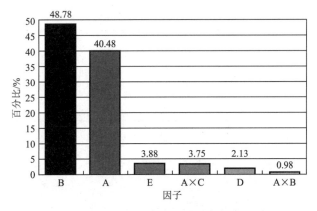

图 13-6　坍流度影响因子寄与率

由表 13-8 中的数据分析可知：总胶凝材料使用量与砂综合细度模数间的交互作用（A×

C)及总胶凝材料使用量与总用砂量间的交互作用(A×B)对砂浆坍流度皆有明显影响,故分别作图13-6了解其影响情况。

6. 因子 A、C 间的交互作用

A、C 因子的交互作用计算见表13-9,由表中数据作出因子交互作用图13-7。

表 13-9 A、C 因子交互作用计算表

因 子	C_1	C_2	C_3
A_1	114.6	108.0	95.0
A_2	90.3	98.8	100.4
A_3	52.3	58.3	66.8

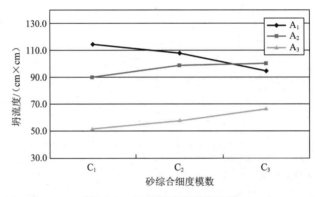

图 13-7 A、C 因子交互作用图

交互作用值(离差)计算:

$$A_1 = 114.6 - 95.0 = 19.6$$
$$A_2 = 90.3 - 100.4 = -10.1$$
$$A_3 = 52.3 - 66.8 = -14.5$$

7. 因子 A、B 间的交互作用

A、B 因子的交互作用计算见表13-10,由表中数据作出因子交互作用图13-8。

表 13-10 A、B 因子交互作用计算表

因 子	B_1	B_2	B_3
A_1	129.7	111.4	76.5
A_2	128.2	96.9	64.5
A_3	82.3	58.5	36.7

交互作用值(离差)计算:

$$A_1 = 129.7 - 76.5 = 53.2$$
$$A_2 = 128.2 - 64.5 = 63.7$$
$$A_3 = 82.3 - 36.7 = 45.6$$

虽然因子 A、B 及 A、C 有明显的交互作用,但由图13-7及图13-8可以看出交互作用并非发生在所有水平中。

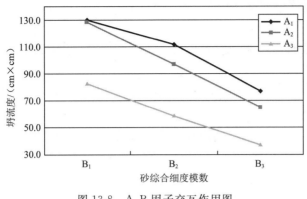

图 13-8 A、B 因子交互作用图

第二节 水参数的量化试验

一、试验方法

1. 目的

(1) 配比中的单位用水量直接影响混凝土的工作性,为使混凝土维持一定的工作性及抗压强度,须通过本试验了解混凝土坍落度、砂细度模数、砂量、胶凝材料使用量、骨料含泥量五项变动对单位用水量的影响并将其用水量变化定量化,作为系统的运算因子。

(2) 混凝土生产线使用的所有配比,在其做纵向(不同强度的配比)及横向(同强度不同料性的配比)变化时,为维持一定的工作性及抗压强度而做的用水量调整。

2. 范围(以下所有试验都不加外加剂)

(1) 坍流度水参数。

(2) 砂细度模数水参数。

(3) 砂量水参数。

(4) 胶凝材料使用量水参数。

(5) 骨料含泥量水参数。

3. 试验模式

从实际配比使用经验来看,上述五种水参数的必要性顺序为:① 砂量水参数;② 胶凝材料使用量水参数;③ 砂细度模数水参数;④ 坍流度水参数;⑤ 骨料含泥量水参数。由此作为以下试验的参考顺序。

(1) 砂量水参数。

① 在固定的砂细度模数、胶凝材料使用量、含泥量条件下,用水量可在 $190\sim230\ \mathrm{kg/m^3}$ 范围内至少做三个水平以上的层别因子。

② 在每种用水量水平下,含砂量以 $50\ \mathrm{kg}$ 左右的差别,至少做四个水平以上的层别因子。

③ 计算每种用水量下各层别因子的试验配比。

(2) 胶凝材料使用量水参数。

① 在固定的砂细度模数、砂量、含泥量条件下,用水量可在 $190\sim230~kg/m^3$ 范围内至少做三个水平以上的层别因子。

② 在每种用水量水平下,胶凝材料使用量在 $200\sim450~kg/m^3$ 范围内至少做四个水平以上的层别因子。

③ 计算每种用水量下各层别因子的试验配比。

(3)砂细度模数水参数。

① 在固定的用砂量、胶凝材料使用量、含泥量条件下,水用量可在 $190\sim230~kg/m^3$ 范围内至少做三个水平以上的层别因子。

② 每种用水量水平下砂细度模数在 2.3～3.1 范围内至少做四个水平以上的层别因子。

③ 计算每种用水量下各层别因子的试验配比。

(4)坍流度水参数。

① 在固定的砂细度模数、砂量、胶凝材料使用量、含泥量条件下,用水量可在 $190\sim240~kg/m^3$ 范围内至少做三个水平以上的层别因子。

② 计算出相关的试验配比。

(5)骨料含泥量水参数。

① 在固定的砂细度模数、胶凝材料使用量、砂量条件下,用水量可在 $190\sim230~kg/m^3$ 范围内至少做三个水平以上的层别因子。

② 在每种用水量水平下,含泥量以 3％左右的差别至少做四个水平以上的层别因子。

③ 计算每种用水量下各层别因子的试验配比。

4.试验内容

(1)五项试验皆按试验室砂浆拌和试验执行,测试出相关的砂浆坍流度。

(2)五项试验皆以工作性为其应变变因,材料因子为控制变因,坍落度、砂细度模数、砂量、胶凝材料使用量、含泥量为其操纵变因。

(3)依绝对体积法计算出试验配比。

(4)以上试验可分别使用三种胶凝材料的组合,但选定后须固定胶凝材料组态。

(5)操纵变因分割点至少取四个点以上。

5.结果分析

(1)坍流度水参数。

① 对试验得到的坍流度与用水量,利用统计方法找出相关系数,并确认两者的相关性,若确实相关,再利用回归的统计方法求出回归方程式。

② 由回归方程式可找出一次相关直线的斜率,即坍流度与用水量的比值。

③ 利用砂浆坍流度与混凝土坍落度关系图(由试验室的多次小拌试验求得)可求出混凝土坍落度与砂浆坍流度的比值。

④ 由②③两个比值可转换用水量与坍落度的比值。

(2)砂细度模数、砂量、胶凝材料使用量、含泥量水参数。

① 以试验得到的坍流度为因变变因(Y 轴),用水量及相关水参数分别为操纵变因(X 轴)作散点图。

② 利用统计方法分别求出回归方程式。

③ 将混凝土砂浆的目标坍流度 72 cm×cm(混凝土坍落度为 18～20 cm)分别代入所求得的回归方程式,求出用水量与相关水参数的所有数值,再次利用回归统计方法分别求出回归方程式,其斜率即为相关的水参数值。

二、水参数试验实例及结果

1. 坍流度水参数试验

(1) 试验条件。以水泥＋矿渣粉(50％)＋粉煤灰(8％)为主体,按胶凝材料使用量 300 kg/m³、砂细度模数 2.7、用水量 210 kg/m³ 等参数,计算表 13-11 中的配比。

表 13-11　坍流度水参数试验配比

控制变因	水泥＋矿渣粉(50％)＋粉煤灰(8％),胶凝材料使用量 300 kg/m³、砂细度模数 2.7,用砂量依用水量 210 kg/m³ 求得						
SSD 配比	粗砂 /(kg·m⁻³)	细砂 /(kg·m⁻³)	水泥 /(kg·m⁻³)	矿渣粉 /(kg·m⁻³)	粉煤灰 /(kg·m⁻³)	水 /(kg·m⁻³)	外加剂 /(kg·m⁻³)
	389.2	389.2	125.2	125.2	49.7	—	0

(2) 将用水量以 190 kg/m³、200 kg/m³、210 kg/m³、220 kg/m³、230 kg/m³、240 kg/m³ 六个水平代入表 13-11,分别做砂浆坍流度试验,得到表 13-12 的结果。

表 13-12　坍流度水参数试验结果

用水量/(kg·m⁻³)	190	200	210	220	230	240
坍流度/(cm×cm)	23.08	31.52	34.56	41.57	49.83	60.525

(3) 按表 13-12 的试验数据,以用水量为因变量,坍流度为自变量作成分析图 13-9。

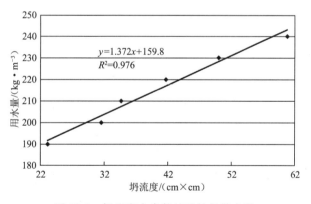

图 13-9　坍流度水参数试验结果散点图

(4) 图 13-9 中的各点为试验值,直线为试验值回归线,其回归方程式为:

$$用水量＝坍流度×1.372＋159.8 \tag{13-2}$$

试验小锥体坍流度和实际坍流度的比值为:$(72-36)/20=1.8(cm×cm/cm)$

坍流度水参数为:$1.372×1.8=2.47(kg/m³)$

由此可知:混凝土坍落度增减 1 cm,单位用水量需增减 2.47 kg/m³。

2.用砂量水参数试验

（1）试验条件。以水泥＋炉石（50％）为主体，按胶凝材料使用量 300 kg/m³、砂细度模数 2.69 做成表 13-13 的配比模式。

表 13-13　用砂量水参数试验配比

控制变因	砂细度模数 2.69,胶凝材料使用量 300 kg/m³						
SSD 试验配比	粗砂/(kg·m⁻³)	细砂/(kg·m⁻³)	水泥/(kg·m⁻³)	矿渣粉/(kg·m⁻³)	粉煤灰/(kg·m⁻³)	水/(kg·m⁻³)	外加剂/(kg·m⁻³)
	—	—	150	150	0	—	0

（2）将用水量分成 200 kg/m³、210 kg/m³、220 kg/m³、230 kg/m³ 四个水平，用砂量分成 750 kg/m³、850 kg/m³、950 kg/m³、1 050 kg/m³ 四个水平，分别代入表 13-13 计算试验配比，得到表 13-14 的结果。

表 13-14　用砂量水参数试验结果

用水量/(kg·m⁻³) ＼ 用砂量/(kg·m⁻³) 坍流度/(cm×cm)	1 050	950	850	750
200	13.175	21.50	36.00	53.02
210	15.655	28.64	47.67	70.38
220	20.03	35.10	55.83	86.70
230	33.69	44.94	72.00	105.24

（3）以坍流度为应变量，用水量为自变量，依表 13-14 的试验数据作成分析图 13-10，并分别求得各线性回归方程式。

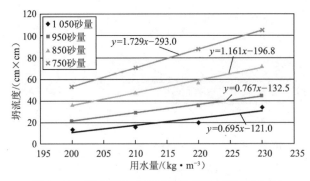

图 13-10　用砂量水参数试验结果散布图（用水量）

（4）以坍流度为因变量，用砂量为自变量，依表 13-14 的试验数据作成分析图 13-11，并分别求得各线性回归方程式。

（5）将图 13-10 及图 13-11 中的线性方程式皆以坍流度 72 cm×cm 为因变量（Y 值），代入后求得用水量及用砂量，其对应关系见表 13-15。

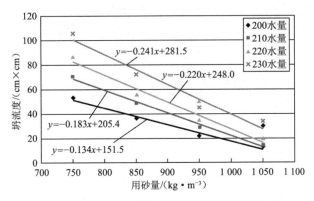

图 13-11　用砂量水参数试验结果散布图（用砂量）

表 13-15　用水量与用砂量的关系

用水量/(kg·m⁻³)	292.9	266.4	231.5	211.0	200.0	210.0	220.0	230.0
用砂量/(kg·m⁻³)	1 050.0	950.0	850.0	750.0	593.7	728.5	797.8	866.8

（6）以用水量为因变量，用砂量为自变量，依表 13-15 的数据作图 13-12，并求出其回归方程式。

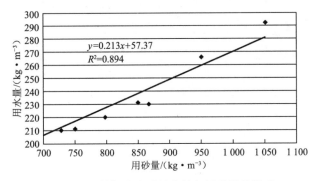

图 13-12　等坍流度时用水量与用砂量的关系

（7）图 13-12 中的回归方程式可以写成：

$$用水量 = 0.213 \times 用砂量 + 57.37 \tag{13-3}$$

由式（13-3）我们可得到结论：混凝土在一定的坍落度之下，单位用砂量增减 1 kg，单位用水量须增减 0.213 kg。

3.胶凝材料使用量水参数试验

（1）试验条件。以水泥＋矿渣粉（50％）＋粉煤灰（6％）为主体，按用砂量 727 kg/m³、砂细度模数 2.79 做成表 13-16 的配比模式。

表 13-16　胶凝材料使用量水参数试验配比

控制变因	用砂量 727 kg/m³，砂细度模数 2.79						
SSD 配比	粗砂 /(kg·m⁻³)	细砂 /(kg·m⁻³)	水泥 /(kg·m⁻³)	矿渣粉 /(kg·m⁻³)	粉煤灰 /(kg·m⁻³)	水 /(kg·m⁻³)	外加剂 /(kg·m⁻³)
	363.5	363.5	—	—	46.4	—	0

（2）将用水量分为 190 kg/m³、210 kg/m³、230 kg/m³ 三个水平，胶凝材料使用量分为 200 kg/m³、250 kg/m³、300 kg/m³、350 kg/m³、400 kg/m³ 五个水平，分别代入表 13-16 计算试验配比，试验结果列于表 13-17。

表 13-17 胶凝材料使用量水参数试验结果

坍流度/(cm×cm) ＼ 胶凝材料使用量/(kg·m⁻³) ＼ 用水量/(kg·m⁻³)	200	250	300	350	400
190	54.39	48.09	31.077 5	20.7	17.195
210	83.47	56.76	46.775	32.07	26.55
230	116.64	85.58	62.98	46.995	33.135

（3）以坍流度为因变量，用水量为自变量，依表 13-17 的试验结果作图 13-13，并分别求得线性回归方程式。

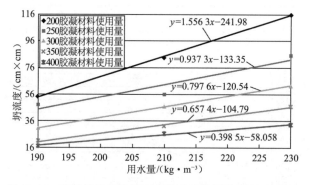

图 13-13 胶凝材料使用量水参数试验结果散布图（用水量）

（4）以坍流度为因变量，胶凝材料使用量为自变量，依表 13-17 的试验结果作图 13-14，并分别求得线性回归方程式。

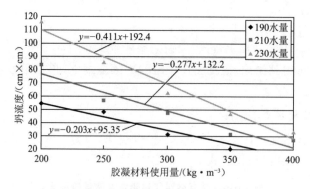

图 13-14 胶凝材料使用量水参数试验结果散布图（胶凝材料使用量）

（5）将图 13-13 及图 13-14 中的线性方程式皆以坍流度 72 cm×cm 为因变量（Y 值）代入后，分别解得用水量及胶凝材料使用量，其对应关系见表 13-18。

表 13-18   用水量与胶凝材料使用量的关系

用水量/(kg·m⁻³)	190.0	210.0	230.0	201.7	219.1	241.4	268.9	326.4
胶凝材料使用量/(kg·m⁻³)	114.7	217.4	292.9	200.0	250.0	300.0	350.0	400.0

（6）以用水量为因变量，胶凝材料使用量为自变量，依表 13-18 作图 13-15，并求出其回归方程式。

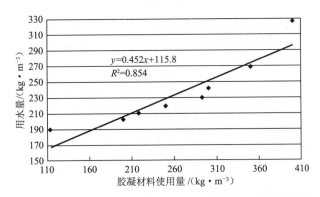

图 13-15   等坍流度时用水量与胶凝材料使用量的关系图

（7）图 13-15 中的回归方程式可写成：

$$用水量 = 0.452 \times 胶凝材料使用量 + 115.8 \tag{13-4}$$

由式(13-4)我们可以得到结论：混凝土在一定的坍落度下，单位胶凝材料总量增减 1 kg，单位用水量须增减 0.452 kg。

4. 砂细度模数水参数试验

（1）试验条件。以水泥＋矿渣粉(50％)＋粉煤灰(6％)为主体，用砂量 746.1 kg/m³、胶凝材料总量 300 kg/m³ 做成表 13-19 的配比模式。

表 13-19   砂细度模数水参数试验配比

控制变因	用砂量 746.1 kg/m³，胶凝材料使用量 300 kg/m³					
SSD 配比	砂用量/(kg·m⁻³)	水泥/(kg·m⁻³)	矿渣粉/(kg·m⁻³)	粉煤灰/(kg·m⁻³)	水/(kg·m⁻³)	外加剂/(kg·m⁻³)
	746.1	126.2	126.2	47.6	—	0

（2）将用水量分成 190 kg/m³、210 kg/m³、230 kg/m³ 三个水平，砂细度模数分为 2.3、2.5、2.6、2.7、2.9、3.1 六个水平，分别代入表 13-19 计算试验配比，其结果见表 13-20。

表 13-20   砂细度模数水参数试验结果

坍流度/(cm×cm) ＼ 细度模数 ＼ 用水量/(kg·m⁻³)	3.1	2.9	2.7	2.6	2.5	2.3
190	32.73	32.665	28.67	27.025	23.85	19.32
210	48.465	40.66	34.435	37.26	33.60	30.875
230	73.00	61.425	65.07	59.84	55.82	45.16

（3）以坍流度为因变量,用水量为自变量,依表 13-20 的试验结果作图 13-16,并分别求得线性回归方程式。

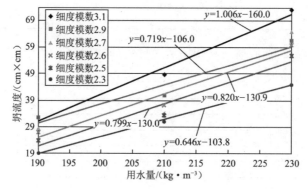

图 13-16　砂细度模数水参数试验结果散布图（用水量）

（4）以坍流度为因变量,砂细度模数为自变量,依表 13-20 的试验结果数据作成分析图 13-17,并分别求得线性回归方程式。

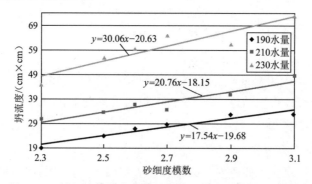

图 13-17　砂细度模数水参数试验结果散布图（砂细度模数）

（5）将图 13-11 及图 13-12 中的线性方程式皆以坍流度 72 cm×cm 为因变量（Y 值）代入后,分别解得用水量及砂细度模数,其对应关系见表 13-21。

表 13-21　用水量与砂细度模数的关系

用水量/(kg·m⁻³)	230.5	247.7	242.2	247.3	252.9	272.3	230.0	210.0	190.0
砂细度模数	3.1	2.9	2.7	2.6	2.5	2.3	3.1	4.3	5.2

（6）以用水量为因变量、砂细度模数为自变量,依表 13-21 作图 13-18,并求出其回归方程式。

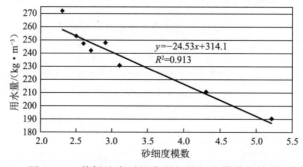

图 13-18　等坍流度时用水量与砂细度模数的关系

（7）图 13-18 中的回归方程式可以写成：

$$用水量＝-24.53×砂细度模数＋314.1 \qquad (13-5)$$

由式(13-5)我们可以得到结论：混凝土在一定的坍落度下，细骨料细度模数增减 0.1，单位用水量须减增 2.453 kg。

第十四章

混凝土配比中的回收水

第一节　混凝土拌和用水

一、混凝土拌和用水的种类

1. 自来水

一般而言,混凝土拌和时将自来水当作其原材料之一,并不会造成任何不良影响,至于地下水,若经过卫生单位检验适于饮用,也可用于混凝土拌和中。即使不适于饮用的水,只要能通过 JGJ 63—2006《混凝土用水标准》的规定,仍然可以在混凝土生产中使用。

2. 地下水、工业用水、河川水、回收水的上层水

按成本考虑,若可以获得良好的地下水,则以地下水为佳。地下水依地点和深度不同水质也有差异;若要使用,应先调查工厂地点附近水井的状况后再行开凿。在无法获得混凝土使用标准的水质或凿井费用非常高昂时,可利用净化处理过的水或工业用水。

3. 回收水

混凝土生产厂中清洗后的洗出水、其他排水(生活、杂用排水除外)、粒料分离过后所回收的上层水和淤泥水总称为回收水。在作为拌和用水时,必须符合 GB/T 14902—2012《预拌混凝土》的规定。

二、《混凝土用水标准》(JGJ 63—2006)对拌和水的规定

(1) 拌和用水应无色、无臭,不含油类、盐类、碱性物、有机物及其他有害物质。含有不洁物或有异味的水不得作为混凝土拌和用水,除非该水有无损混凝土质量的使用记录或数据。有疑问的水的质量须符合表 14-1 的规定才可以使用。

表 14-1　有疑问的水的混凝土质量规范

项　　目	规　范	测试方法
7 d 抗压强度为控制试样的最小百分率	90%	水泥抗压强度检验法
样本的凝结时间与控制试样的差异	不早于 1 h 不晚于 1.5 h	水泥凝结时间检验法

（2）冲洗拌和机及运输车的洗出水,若经试验符合表 14-1 的要求,仍可作为混凝土拌和水。该洗出水须每周试验一次,若连续四周符合规定,则改为每月试验一次。若使用再生冲洗水时,应均匀连续使用,须注意用量比率、引气剂的拌和顺序及其他化学掺合料的影响。

表 14-2　混凝土的试验指标

项　　目	预应力混凝土	钢筋混凝土	素混凝土
pH	≥5.0	≥4.5	≥4.5
不溶物/$(mg \cdot L^{-1})$	≤2 000	≤2 000	≤5 000
可溶物/$(mg \cdot L^{-1})$	≤2 000	≤5 000	≤10 000
$m(Cl^-)/(mg \cdot L^{-1})$	≤500	≤1 000	≤3 500
$m(SO_4^{2-})/(mg \cdot L^{-1})$	≤600	≤2 000	≤2 700
碱含量/$(mg \cdot L^{-1})$	≤1 500	≤1 500	≤1 500

三、混凝土预拌厂回收水设备

为了回收清洗用水并加以处理,使混凝土材料再利用,所需设备必须具备充分的功能,即作为回收再利用的设备必须具有洗车、粒料(粗、细骨料)回收、沉淀、调整、分离、测定及计量等功能。

沉淀槽、浓缩槽、调整槽等应设置两槽以上,此项设备应具有沉淀、回收上层水及浓缩淤泥的抽取装置和连续抽取装置。各槽的容量在考虑洗车台数、水量、沉淀、浓缩、调整所需的时间及拌和用水的使用状况之后,再确定沉淀槽、浓缩槽、调整槽以及上层槽的容量。储存回收水时必须在调整槽内部装上搅拌机,以便连续搅拌。但是,即使装了搅拌机,如果槽的形式、容量、搅拌方式与功能不适当,依旧会造成淤泥的分离与沉降,所以设计与选择时务必注意。

四、预拌混凝土回收水处理流程

一般混凝土生产单位处理生产流程中所产生的废水时依图 14-1 的方法处理。

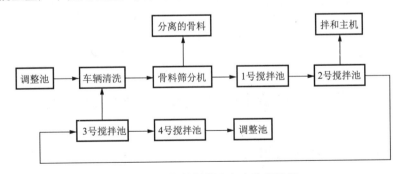

图 14-1　一般的混凝土废水处理流程

上述废水处理流程的实际处理设备平面图及处理流程如图 14-2 所示。

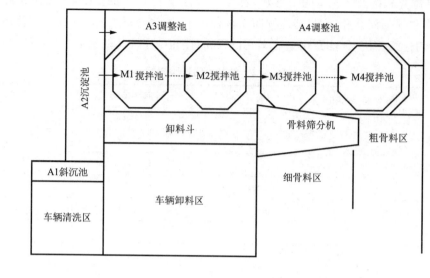

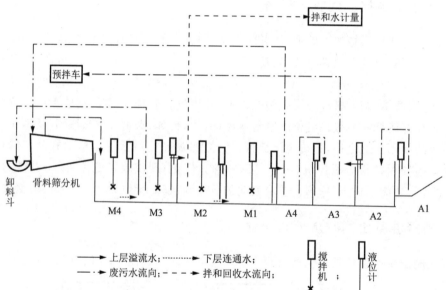

图 14-2　废水回收设备及运作流程

第二节　混凝土生产中使用回收水的依据

一、配比中使用回收水的项目

混凝土预拌厂的回收水大部分来自清洗混凝土运输车、搅拌主机及输送带的清洗水。如果没有混凝土生产外的污染,这些清洗水都是制造混凝土过程中产生的,其物理性质及化学性质皆符合 JGJ 63—2006 的规定,唯一要管制的是在配比中使用量的问题。

二、回收水使用量的影响

混凝土回收水的第一道工序是将其中的粗、细骨料分离出来,剩下泥水部分。回收水即是将此泥水部分再利用。此泥水的组成其实就是除掉粗、细骨料的混凝土,详细一点就是还有一些 $300\ \mu m$ 以下的细骨料,所以除了水以外还可以把它当作细骨料的含泥。

既然如此,从混凝土的质量来看,只要控制好含泥量,混凝土的质量是不受影响的。无论是混凝土粒料的级配还是填充的概念均显示混凝土中是允许适当含泥的,含泥量是混凝土配比中工作体积的一部分,此工作体积的大小视粗骨料的用量及组态而定。所以回收水加入过多时产生的不良影响和骨料含泥量过高时相同,但如果配比中的工作体积不足(特别是贫浆配比),会使混凝土的工作性不良,导致泌水过多,甚至强度降低。所以要在混凝土生产过程中使用回收水,就必须找出配比中允许的最高含泥量。

第三节　配比中使用回收水的试验方法

混凝土中含泥量过高除了会产生龟裂、坍落度损失、浮浆等不良现象外,最直接的莫过于单位用水量的增加,进而放大了水胶比,降低了抗压强度,所以要通过试验找出配比中允许的最高含泥量,进而找出抗压强度的变化。由此,制定以下混凝土配比中最高含泥量的试验,以找出配比中的允许含泥量。

一、目的

(1) 混凝土的回收废水除了应时时注意浓度的变化外,更须管制其中的固态物(SS)加入混凝土后对抗压强度产生的影响。由本试验可了解生产中使用回收废水时的含泥量管制点。

(2) 同时测试出回收废水中固态物的吸水率,以便取代配比中的部分细砂量,可确保配比中正确的用水量。

二、范围

混凝土预拌厂经搅拌均匀的回收废水。

三、定义

(1) 回收水固态物(SS)含量,即回收水中的固体质量分数,其表达式为:

$$回收水固态物(SS)含量(\%)=\frac{回收水样本中的固态物质量}{回收水样本质量}\times100\% \tag{14-1}$$

(2) 回收水固态物(SS)吸水率,即当固态物呈面干内饱和(SSD)状态时,所需要的水的质量与该样本干燥的固态物质量之比。

① 回收水固态物(SS)呈面干内饱和(SSD)状态的测定。将全湿状态的回收水固态物用吹风机慢慢翻动吹干,直至开始变色且手抓不再黏手的状态,即可判定样本已达面干内饱和状态。

② 回收水固态物的吸水率公式：

$$\begin{array}{l}\text{回收水固态物}(\text{SS})\\ \text{吸水率}(\%)\end{array} = \frac{\begin{array}{c}\text{面干内饱和状的}\\ \text{SS 样本质量}\end{array} - \begin{array}{c}\text{干燥状的 SS}\\ \text{样本质量}\end{array}}{\begin{array}{c}\text{干燥状的 SS}\\ \text{样本质量}\end{array}} \times 100\% \qquad (14\text{-}2)$$

四、试验内容

（1）取足够量的回收废水，依细骨料密度、含水率、面干内饱和水率及表面水率试验测出废水中固态物的密度及吸水率。

（2）图 14-2 中，在 M2 搅拌池取足够量的回收废水，置入烘箱以 100 ℃以上温度烘干所有水分，留下足量的干燥固态物，做以下试验。

（3）将试验用粗骨料试样以水洗方式清除其中的含泥量。

（4）同样将试验用细骨料试样通过 0.15 mm 筛水洗除去其含泥量。

（5）粗、细骨料皆依粗、细骨料筛分析试验标准，找出粗、细骨料的相关质量特性。

（6）以细骨料的含泥量为基础，分别加入干燥回收废水的固态物，使其总含泥量分别为 3%、6%、9%、12% 四个水平（大约在此数据左右，取四个水平即可）。

（7）胶凝材料使用量分别按 300 kg/m³、350 kg/m³、400 kg/m³ 分成三个水平（大约在此数据左右，取三个水平即可）。

（8）按上述分类及相关的配比计算参数，计算出 12 组小型试拌配比。

（9）依试验室小型试拌试验标准，分别对 12 组试样完成试拌。

（10）完成小型试拌后，马上做试拌混凝土的坍落度测量。

（11）将完成小型试拌的试样制作足量的试体（试体基本量，28 d 抗压强度至少要有五个以上试体）并予以养护。

（12）试体到达龄期时，做试体的抗压强度试验。

五、结果分析

（1）所有试体的抗压强度数据皆需经统计分析，若有太过离谱的数据，按可靠性 95%（冒险率设定为 5%）判定是否剔除，再求取平均值。

（2）利用试体抗压平均值、含泥量值及胶凝材料使用量值作出比较性柱形图或折线图，分析比对结果。

（3）依所得结果作成含泥量与抗压强度关系图。

第四节　配比中最高含泥量试验实例

一、试验内容

将胶凝材料使用量分成 275 kg/m³、325 kg/m³、375 kg/m³ 三个水平及含泥量分成 3.1%、6.1%、9.1%、12.1% 四个水平作为操纵变因，依此参数及试验用相关材料的参数计算出表 14-3 中的三组配比。

表 14-3 最高含泥量试验配比(SSD 配比)

配比 型态	大石 /(kg·m⁻³)	小石 /(kg·m⁻³)	粗砂 /(kg·m⁻³)	细砂 /(kg·m⁻³)	水泥 /(kg·m⁻³)	矿渣粉 /(kg·m⁻³)	粉媒灰 /(kg·m⁻³)	水 /(kg·m⁻³)	外加剂 /(kg·m⁻³)
275 型	489.9	489.9	452.9	452.9	108.6	108.6	57.8	178.6	2.48
325 型	494.9	494.9	422.4	422.4	135.6	135.6	53.9	180.7	2.93
375 型	499.9	499.9	391.9	391.9	162.5	162.5	50.0	182.8	3.38

二、试验结果

每组配比的含泥量变化以细骨料的含泥量为计算依据,多加入的回收水中的固态物取代了部分细骨料,依此原则试配出 12 组试验样本,其试验室小拌试验结果见表 14-4。

表 14-4 小拌试验结果

组别	含泥量 /%	用水量 /(kg·m⁻³)	坍落度 /cm	坍流度 /(cm×cm)	7 d 抗压强度 /MPa	28 d 抗压强度/MPa	28 d 平均 抗压强度 /MPa	水胶比
275 型	3.10	188.6	19.0	56.4	8.13,6.94	17.41,19.05,18.53, 19.71,19.75,18.14,17.85	18.407	0.685 818
	6.10	195.2	19.3	65.5	7.59,7.86	17.92,18.70,15.75, 18.72,18.40,18.1,14.88	18.367	0.709 818
	9.10	201.9	19.3	65.5	7.06,7.12	15.60,15.88,16.19, 17.55,16.59,15.79,17.09	16.304	0.734 182
	12.10	206.9	20.5	68.0	6.53,5.69	14.76,15.79,16.17, 15.56,15.55,14.87,14.64	15.441	0.752 364
325 型	3.10	185.7	15.5	52.9	10.91,11.45	24.34,23.81,23.90, 24.76,25.30,25.32,21.23	24.333	0.571 385
	6.10	192.3	17.0	53.36	11.91,10.95	21.55,22.58,23.08, 23.78,23.73,23.00,21.28	22.588	0.591 692
	9.10	199.0	18.0	54.28	9.54,12.32	20.42,21.07,22.19, 21.65,24.46,23.05,21.85	21.961	0.612 308
	12.10	205.7	20.5	57.81	10.38,8.27	22.82,18.57,18.59, 20.30,18.48,18.20,18.58	19.363	0.632 923
375 型	3.10	189.4	16.5	53.10	13.84,14.70	31.26,27.20,30.75, 27.74,31.60,29.14,29.56	29.815	0.505 067
	6.10	194.4	18.0	51.98	14.04,10.90	32.21,29.89,29.20, 29.83,29.67,30.54,30.05	29.990	0.518 400
	9.10	199.4	20.5	52.90	10.38,8.27	27.98,27.45,29.90, 28.80,28.05,24.54,30.59	28.441	0.531 733
	12.10	204.4	17.5	48.76	12.03,13.95	25.37,21.87,26.21, 26.91,25.99,25.31,23,64	25.304	0.545 067

依表 14-4 的试验结果以龄期 28 d 的抗压强度为判断依据,将每型配比中各含泥量的试验结果作成比较柱形图 14-3。

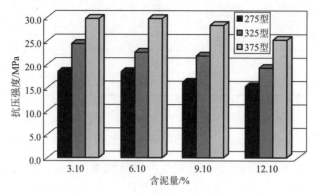

图 14-3　不同含泥量的抗压强度试验图

三、结果分析

由图 14-3 可得到结论:胶凝材料使用量为 275 kg/m³、325 kg/m³、375 kg/m³ 时,随着含泥量的增加,抗压强度均会递减,但在含泥量 6.10% 以内均没有明显降低。

由此结论可得,在试验当地使用的原材料条件下,可将配比的细骨料总允许含泥量定为6.10%。

第五节　配比使用回收水的用量

一、配比使用回收水的管制点

从第四节的试验中我们得到混凝土配比中允许的含泥量为:在使用该原材料的状况下,允许的含泥量为配比中干燥细骨料的量 6.10%。但每个地方原材料不同,所以该数据不可广为套用,一定要由以上试验方法求得"本土化"的数据。

一组混凝土配比完成之后,骨料质量皆以面干内饱和(SSD)状态显示,而且正常使用的粗、细骨料多少也会有些含泥量,所以将配比的粗、细骨料转化成干燥状态的含泥量,加上使用回收水的固态物含量(该回收水的固态物含量应由混凝土生产单位每天测试,此测试也是以干燥状态为基础)后的总含泥量不得超过该配比干燥细骨料量的 6.10%。可由以下方程式建立该配比中允许使用回收水的最高量。

$$\begin{array}{c}\text{配比中干燥粗骨料}\\\text{的固态物含量}\end{array} + \begin{array}{c}\text{配比中干燥细骨料}\\\text{的固态物含量}\end{array} + \begin{array}{c}\text{配比中回收水}\\\text{的固态物含量}\end{array} = \begin{array}{c}\text{配比中干燥}\\\text{细骨料量}\end{array} \times 6.10\% \quad (14\text{-}3)$$

解上述方程式,即可得出该配比中回收水最高的固态物含量,我们将此最高量定义为回收水用量管制参数。

式(14-3)各变量间的关系如图 14-4 所示。

图 14-4　式(14-3)中各变量间的关系图

二、配比的清水及回收水量调整

配比中如果加入回收水,则使用清水及回收水的控制不同,因为回收水是由清水及其他固态物(SS)组成的,所以若使用回收水,回收水中的清水含量要被当成配比单位用水的一部分,而其中的固态物则应为细骨料的一部分。

配比中清水及回收水量的多少受两个参数控制:

(1)回收水用量管制参数。此参数是依据配比使用的骨料含泥量及回收水固态物含量确定的。此参数为正数、零或负值时表示配比无法再加入回收水,只有其为正值时配比才可加入回收水。

(2)配比原有的单位用水量参数(清水)。此参数是依据骨料特性及混凝土的工作性确定的。无论配比中有无回收水的加入此参数都不可改变,加入回收水时其中的清水含量应为此参数的一部分。

因此,在做回收水配比计算的"清水"栏及"回收水"栏时须依下述方法计算:

(1)"清水"栏。如果回收水管制量小于或等于 0,则清水使用量等于原配比中的单位用水量。否则,若回收水用量管制量大于 0,且原配比中的单位用水量减回收水管制量中的清水量之差小于或等于 0,则清水使用量等于 0,如图 14-5(a)所示。否则清水使用量等于原配比中的单位用水量减去回收水用量管制量中的清水量,如图 14-5(b)所示。

图 14-5　回收水用量管制

(2)"回收水"栏。如果回收水管制量小于或等于 0,则回收水使用量等于 0。否则,回收水管制量大于 0 时,如果原配比中的单位用水量减回收水管制量中的清水量小于或等于 0,则回收水使用量等于清水量与原配比中的单位用水量相同的回收水量。否则,回收水使用量等于回收水管制量。

三、配比使用回收水中的固态物处理

由上述内容可知,混凝土配比中是否可加入回收水,决定于回收水的固态物浓度及回收水用量管制参数的大小。如果经计算,配比中可以加入回收水,配比的单位体积一定会因回收水中的固态物加入而增加,所以应将回收水中的固态物当作细砂的一部分,再修正配比中的细砂用量。使用回收水后,配比中细砂使用量的修正步骤如下:

第一步,先算出回收水中的固态物含量。

计算公式:回收水用量×回收水的固态物百分比。

第二步,因回收水中固态物百分比的计算是在全干燥状态下求得的,故将固态物的含量转换成 SSD(面干内饱和)的质量。

计算公式：固成分含量×(1＋固态物吸水率)。

细砂在 SSD 状态的用量为：SSD 状态配比的细砂用量－固成分含量×(1＋固态物吸水率)。

第三步，如果要算出细砂的实际状况(非 SSD 状态)配比用量，则须将固态物的 SSD 状态再转换成细砂的实际含水状态。

计算公式：固成分含量×(1＋固态物吸水率)×[1＋(细砂含水率－细砂吸水率)]。

细砂在实际状态的用量为：实际状态配比的细砂用量－固成分含量×(1＋固态物吸水率)×[1＋(细砂含水率－细砂吸水率)]。

参 考 文 献

［1］ 黄兆龙.混凝土性质与行为［M］.台北:詹氏书局,2002.

［2］ 陈振川,苗柏霖.混凝土品管［M］.台北:台湾营建研究院丛书,2000.

［3］ 林世强.预拌混凝土产制自动化［M］.台北:台湾营建研究院丛书,1997.

［4］ 李崇智,祁艳军,何光明,等.机制砂石骨料与减水剂适应性的试验研究［J］.建筑材料学报,2020,11(6):5.

［5］ 李北星,王稷良,柯国炬,等.机制砂亚甲蓝值对混凝土性能的影响研究［J］.水利水电技术,2009,40(4):4.

［6］ 邓最亮,王伟山,陈存振,等.含黏土机制砂对不同分子结构聚羧酸减水剂应用性能的影响［D］.上海:上海建筑外加剂工程技术研究中心,2002.

［7］ 陈建奎.混凝土配比设计新法(全计算法)［EB/OL］.百度文库,2011.

［8］ 邹辰阳.相克缘于相吸——当聚羧酸遇到泥［EB/OL］.混凝土第一视频网,2016.